BEI GRIN MACHT SICH IHR WISSEN BEZAHLT

Bibliografische Information der Deutschen Nationalbibliothek:

Die Deutsche Bibliothek verzeichnet diese Publikation in der Deutschen National-bibliografie; detaillierte bibliografische Daten sind im Internet über http://dnb.d-nb.de/ abrufbar.

Impressum:

Copyright © 2013 GRIN Verlag, Open Publishing GmbH
Druck und Bindung: Books on Demand GmbH, Norderstedt Germany
ISBN: 978-3-656-72289-2

Dieses Buch bei GRIN:

http://www.grin.com/de/e-book/278372/biochemie-ii-lernzusammenfassung

Lise Meitner

Biochemie II. Lernzusammenfassung

GRIN Verlag

GRIN - Your knowledge has value

Der GRIN Verlag publiziert seit 1998 wissenschaftliche Arbeiten von Studenten, Hochschullehrern und anderen Akademikern als eBook und gedrucktes Buch. Die Verlagswebsite www.grin.com ist die ideale Plattform zur Veröffentlichung von Hausarbeiten, Abschlussarbeiten, wissenschaftlichen Aufsätzen, Dissertationen und Fachbüchern.

Besuchen Sie uns im Internet:

http://www.grin.com/

http://www.facebook.com/grincom

http://www.twitter.com/grin_com

Enzymkinetik

$$\Delta G = \Delta G^{0'} + RT \ln \frac{[C] \cdot [D]}{[A] \cdot [B]}$$

$\Delta G^{0'}$: Änderung der freien Energie unter Standardbedingungen (Konzentration der Reaktionspartner 1M und pH=7,0)

Für $\Delta G = 0$ (im Gleichgewicht) gilt $\Delta G^{0'} = -RT \ln \frac{[C] \cdot [D]}{[A] \cdot [B]} = -RT \ln K'_{eq}$

$$K'_{eq} = 10^{-\Delta G^{0'}/2,303RT} \quad \text{für 25°C:} \quad K'_{eq} = 10^{-\Delta G^{0'}/5,69}$$

$1 \text{ kJ} = 0,239 \text{ kcal}$

Michaelis-Menten-Konstante:

$$K_M = \frac{k_{-1} + k_2}{k_1} = \frac{[E] \cdot [S]}{[ES]}$$

Michealis-Menten-Gleichung:

$$v_0 = v_{max} \cdot \frac{[S]}{K_M + [S]}$$

Wechselzahl (turnover number):

Zahl der pro Zeiteinheit in Produkte umgesetzten Substratmoleküle von einem gesättigten Enzym. ($\sim k_2$)

$$k_{cat} = \frac{v_{max}}{[E]_{total}}$$

Katalytische Effizienz für [S]<<[K_M]:

$$k_{eff} = \frac{k_{cat}}{K_M}$$

Lineweaver-Burk:

$$\frac{1}{v_0} = \frac{K_M}{v_{max}} \cdot \frac{1}{[S]} + \frac{1}{v_{max}}$$

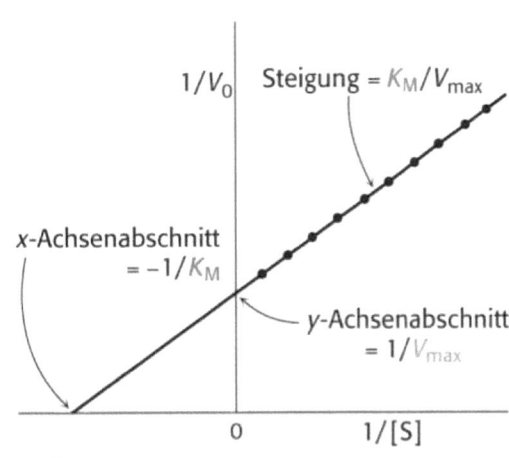

A   Substrat

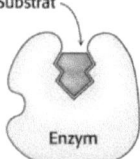

C   Substrat   unkompetitiver Inhibitor

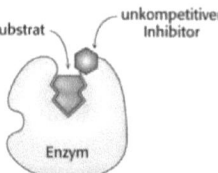

B   kompetitiver Inhibitor

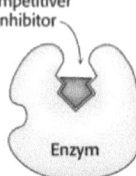

D

nichtkompetitiver Inhibitor   Substrat

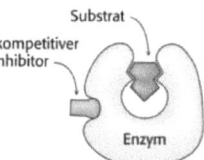

Kompetitive Inhibition:

$$
\begin{array}{ccc}
& S & \\
E & \longrightarrow ES \longrightarrow & E + P \\
+ & & \nearrow \\
I & & I \\
K_i \Updownarrow & \nearrow S & \\
EI & &
\end{array}
$$

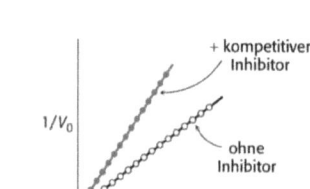

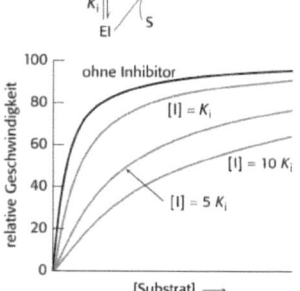

relative Geschwindigkeit

ohne Inhibitor

$[I] = K_i$

$[I] = 10\,K_i$

$[I] = 5\,K_i$

[Substrat] →

1/V_0

+ kompetitiver Inhibitor

ohne Inhibitor

0   1/[S]

Unkompetitive Inhibition:

$$
\begin{array}{ccc}
& S & \\
E + I & \longrightarrow ES + I \longrightarrow & E + P \\
K_i \Updownarrow & & \\
ESI & \longrightarrow\!\!\!\times\!\!\!\longrightarrow &
\end{array}
$$

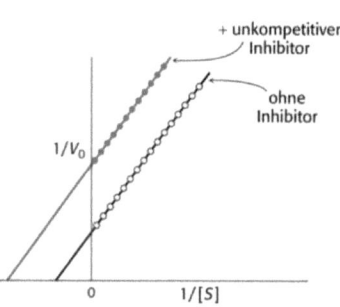

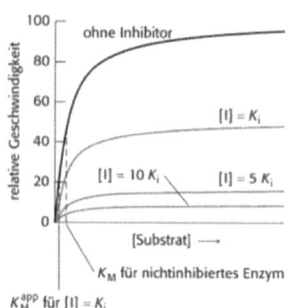

relative Geschwindigkeit

ohne Inhibitor

$[I] = K_i$

$[I] = 10\,K_i$ $[I] = 5\,K_i$

[Substrat] →

K_M für nichtinhibiertes Enzym

K_M^{app} für $[I] = K_i$

1/V_0

+ unkompetitiver Inhibitor

ohne Inhibitor

0   1/[S]

2

Nicht-kompetitive Inhibition:

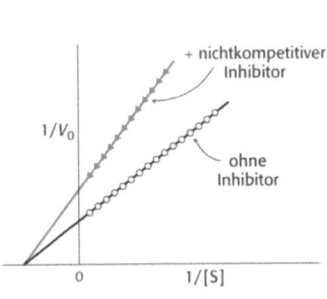

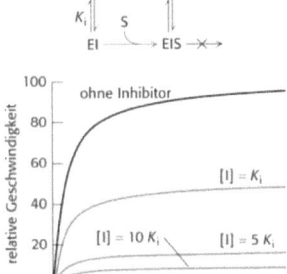

Allosterische Enzyme

- sigmoidaler Kurvenverlauf
- Enzyme bestehen aus mehreren Untereinheiten und beinhalten mehrere aktive Zentren
- Die Bindung an eine Untereinheit beeinflusst die Affinität der weiteren Untereinheiten (Kooperativität, s.u.)
- Im Metabolismus oft Enzyme, die regulatorische Schritte katalysieren und dadurch besonderer Kontrolle unterliegen
- Allosterische Enzyme sind NICHT durch die Michaelis-Menten-Kinetik beschreibbar!

Allosterische Enzyme: Aspartat-Transcarbamoylase (ATC)
- **Schrittmacher-Reaktion zur Pyrimidin-Biosynthese**
- je sechs katalytische und regulatorische Untereinheiten; jede katalytische Untereinheit mit drei aktiven Zentren

Carbamoyl-phosphat + Aspartat ⇌ N-Carbamoylaspartat + P_i

Cytidintriphosphat (CTP)

3

T- und R-Form

- Substratbindung überführt ATC vom T- in den R-Zustand

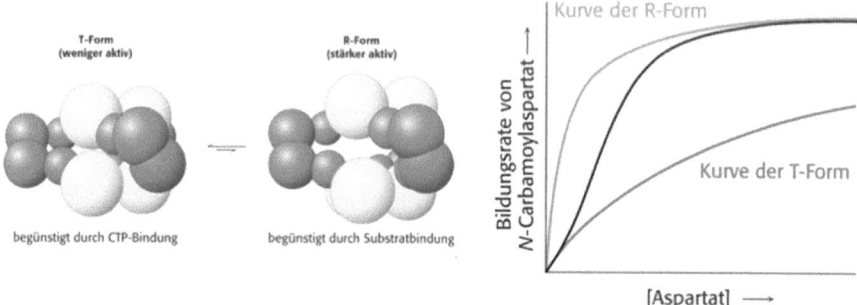

Konzertiertes Modell (Monod, Wyman, Changeux)

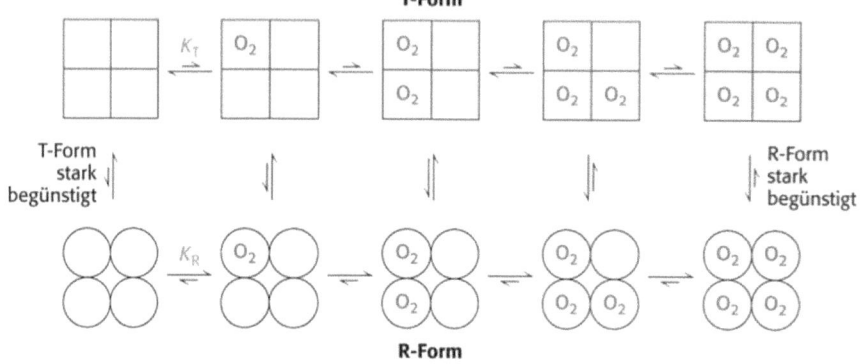

Sequenzmodell (Koshland, Nemethy, Filmer)

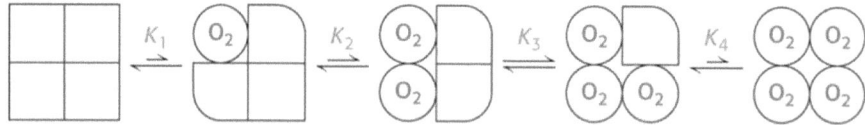

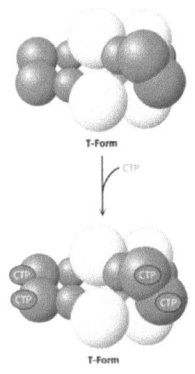

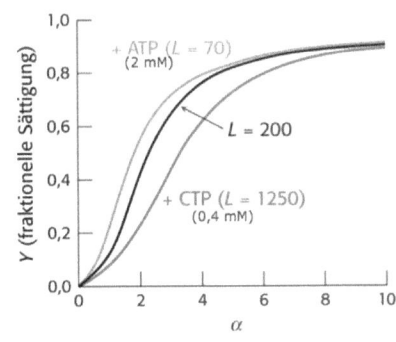

Isoenzyme:
- katalysieren die gleiche Reaktion, haben aber unterschiedliche Aminosäuresequenzen
- Gewebe- oder Entwicklungsspezifisch exprimiert

Beispiel: Glukokinase (GK; Leber) und Hexokinase (HK; Muskel); im Gegensatz zur HK keine Inhibition der GK durch Glukose-6-Phosphat. Außerdem etwa 50-fach niedrigere Affinität der GK für Glukose.
Effekt: In der Leber Glukose nur phosphoryliert, wenn in hoher Konzentration
(→ Glykogen-Aufbau); bei niedriger Glukosekonzentration keine Phosphorylierung, statt dessen Freisetzung ins Blut zur Versorgung von Hirn und Muskulatur.

Enzymmodifikationen:
- Phosphorylierung (an Ser, Thr, Tyr), Acetylierung, Sulfation, Ubiquitinierung,
proteolytische Spaltung (Zymogene/Proenzyme → aktives Enzym)

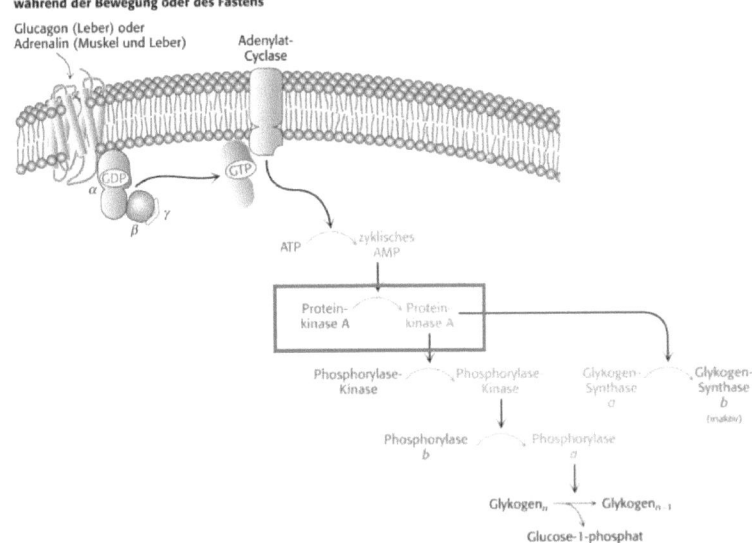

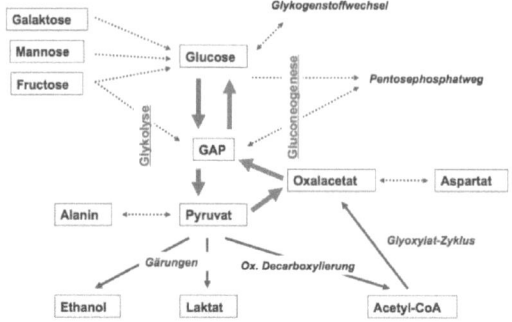

Nettogleichung der Glycolyse:

$C_6H_{12}O_6$ (Glucose) $+ 2\ NAD^+ + 2\ ADP + 2\ P_i + 2\ H_2O$
→ 2 CH$_3$COCOO$^-$ (Pyruvat) + 2 NADH + 2 ATP + 2 H$_3$O$^+$

Direkter ATP-Gewinn durch Substratkettenphosphorylierung

Schritt 1: - 2 ATP (Vorbereitungsphase)
Schritt 3: + 4 ATP + 2 NADH (Energieliefernde Phase)

Hexokinase
- Fixierung von Glucose in der Zelle durch Phosphorylierung
- Substrate: Glucose, Mg^{2+}, ATP
- stark exergon ($\Delta G0' = - 16.7$ kJ/mol; $\Delta G = - 33.5$ kJ/mol)
- 4 Isoenzyme: unterschiedliche Gewebeverteilung und Eigenschaften
- Glucose-6-phosphat inhibiert allosterisch

Glucose-6-phosphat-Isomerase
- Isomerisierung von Aldose zu Ketose (über das *cis-Endiol*)
- Substrate: Glucose-6-Phosphat / Fructose-6-Phosphat
- leicht reversibel ($\Delta G0' = 1,7$ kJ/mol; $\Delta G = - 2.5$ kJ/mol)

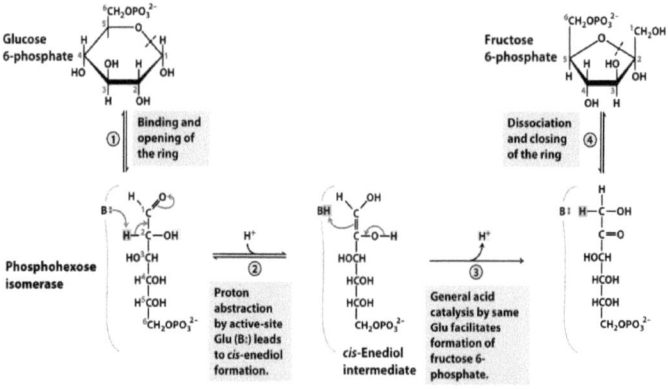

Phosphofructokinase 1
- Phosphorylierung von Fructose-6-Phosphat zu Fructose-1.6-bisphosphat
- Substrate: Fructose-6-Phosphat, Mg^{2+}, ATP
- stark exergon ($\Delta G0' = -14.4$ kJ/mol; $\Delta G = -22.2$ kJ/mol)
- **Schlüsselenzym → geschwindigkeitsbestimmend, allosterisch reguliert**
- AMP, ADP und F-2,6-bisphosphat (hormonell) aktivierten allosterisch
- ATP, Citrat, H^+ inhibieren allosterisch

Aldolase
- Aldolspaltung unter Auflösung des Halbacetals (II 18)
- Substrat: Fructose-1.6-bisphosphat
- Spaltung in Glycerinaldehyd-3-phosphat und Dihydroxyacetonphosphat
- reversibel ($\Delta G0' = 23.8$ kJ/mol; $\Delta G = -1.3$ kJ/mol)

Triosephosphat-Isomerase
- Isomerisierung in das reaktivere Glycerinaldehyd-3-Phosphat (II 21)
- Substrat: Dihydroxyacetonphosphat
- leicht reversibel ($\Delta G0' = 7.5$ kJ/mol; $\Delta G = 2.5$ kJ/mol)
- Gleichgewicht zu 96% auf Seite des Dihydroxyacetonphosphat; dennoch Fortschreiten
der Reaktion hin zu Glycerin-3-Phosphat, da dieses rasch weiterreagiert

unerwünschte Nebenreaktion:

Endiol-Zwischenprodukt   Methylglyoxal

Glycerinaldehyd-3-phosphat-Dehydrogenase
- Oxidative Phosphorylierung von Glycerinaldehyd-3-phosphat
- Substrat: Glycerinaldehyd-3-phosphat, NAD+, Pi
- leicht reversibel ($\Delta G0' = 6.3$ kJ/mol; $\Delta G = -1.7$ kJ/mol)
- Glycerinaldehyd-3-Phosphat-Dehydrogenase koppelt zwei Teilreaktionen über ein
energiereiches **Thioester-Intermediat**

Mechanismus

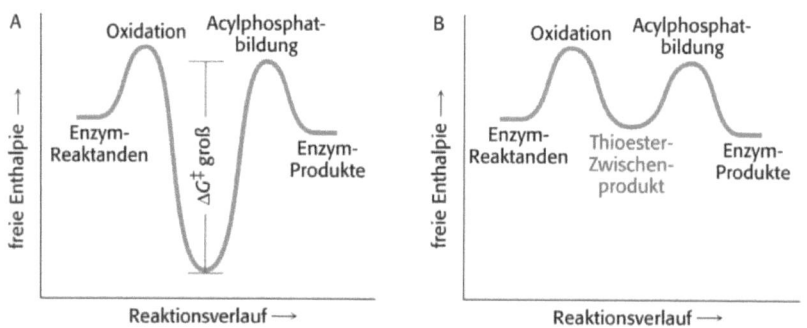

Energieprofil der Gesamtreaktion

Phosphoglyceratkinase
- Substratkettenphosphorylierung
- 1,3 BPG: größeres Phosphorylgruppenübertragungspotential als ATP
- Substrat: 1.3-Bisphosphoglycerat, Mg^{2+}, ADP, P_i
- leicht reversibel ($\Delta G0' = -18.5$ kJ/mol; $\Delta G = 1.3$ kJ/mol)

Phosphoglyceratmutase
- Isomerisierung (II 30)
- Substrat: 3-Phosphoglycerat / 2-Phosphoglycerat
- leicht reversibel ($\Delta G0' = 4.4$ kJ/mol; $\Delta G = 0.8$ kJ/mol)

Enolase
- Dehydrogenierung zu Phosphoenolpyruvat
- Substrat: 2-Phosphoglycerat
- leicht reversibel ($\Delta G0' = 1.7$ kJ/mol; $\Delta G = -3.3$ kJ/mol)

Pyruvatkinase
- Substratkettenphosphorylierung
- Substrat: Phosphoenolpyruvat, Mg^{2+}, ADP, P_i
- stark exergon ($\Delta G0' = -31.4$ kJ/mol; $\Delta G = -16.7$ kJ/mol)
→ treibt die Glykolyse an *(Glykolysemotor)*
- **treibende Kraft ist die Bildung der stabilen Keto-Form des Pyruvat**

Phosphoenolpyruvat   Pyruvat   Pyruvat
                       (Enolform)

PEP besitzt ein sehr hohes Gruppenübertragungspotential
$\Delta G0' = -61,9$ kJ/mol (Hydrolyse des PEP)

- F-1,6-bisphosphat aktiviert allosterisch *(feed forward)*
- ATP, Alanin, AcetylCoA inhibieren allosterisch

Kontrolle

Intrazelluläre Anpassung an den Energiegehalt der Zelle:
→ ATP-Verbrauch, NADH-Spiegel

Extrazelluläre Kontrolle durch Hormone:
Adrenalin, Glucagon, Insulin

Pasteur-Effekt
Höhere Umsatzgeschwindigkeit von Glucose zu Lactat unter anaeroben Bedingungen

Warburg-Effekt
Fast alle Tumorzellen haben eine erhöhte Glykolysegeschwindigkeit auch unter aeroben Bedingungen. Durch Hypoxie wird HIF-1 aktiviert und das Wachstum von Blutgefäßen gefördert.

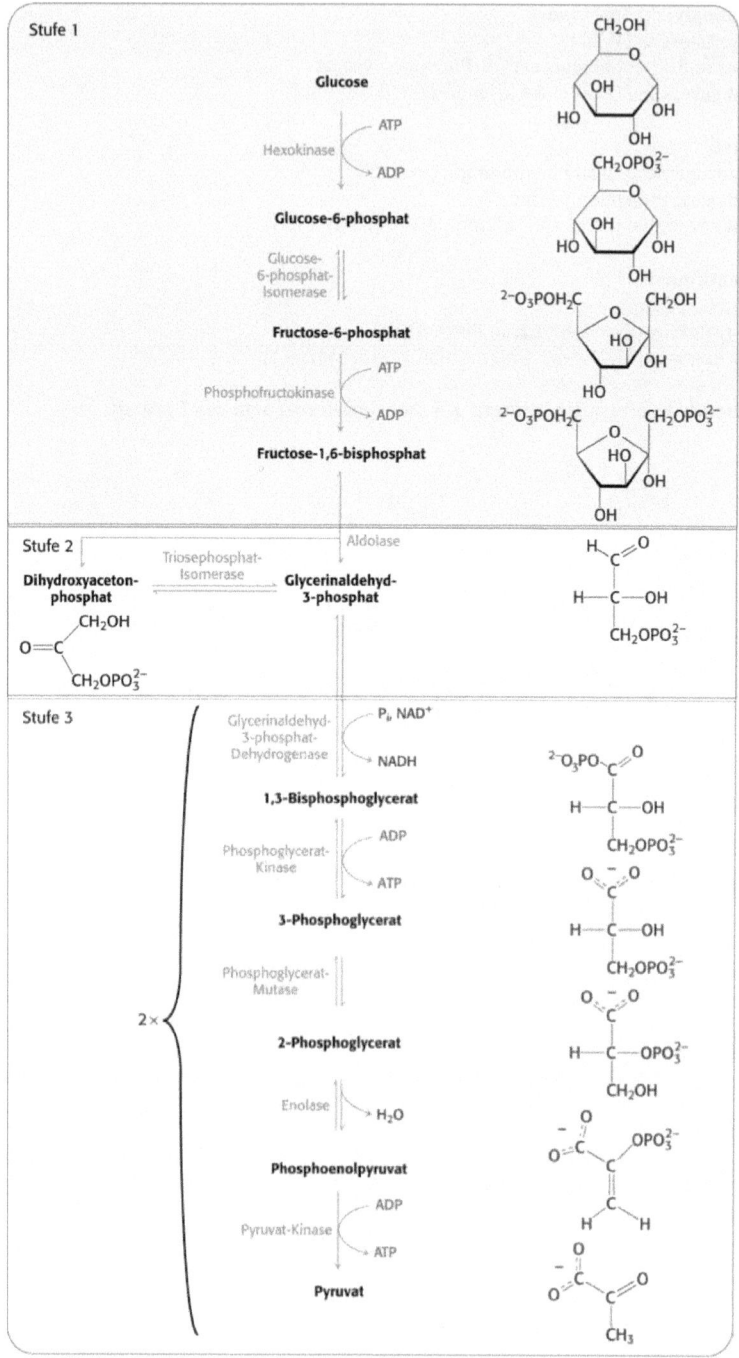

Stufe 1

Glucose

Hexokinase
ATP
ADP

Glucose-6-phosphat

Glucose-6-phosphat-Isomerase

Fructose-6-phosphat

Phosphofructokinase
ATP
ADP

Fructose-1,6-bisphosphat

Stufe 2

Aldolase

Triosephosphat-Isomerase

Dihydroxyaceton-phosphat **Glycerinaldehyd-3-phosphat**

Stufe 3

Glycerinaldehyd-3-phosphat-Dehydrogenase
P_i, NAD$^+$
NADH

1,3-Bisphosphoglycerat

Phosphoglycerat-Kinase
ADP
ATP

3-Phosphoglycerat

Phosphoglycerat-Mutase

2-Phosphoglycerat

Enolase
H_2O

Phosphoenolpyruvat

Pyruvat-Kinase
ADP
ATP

Pyruvat

2×

Hemung und Aktivierung

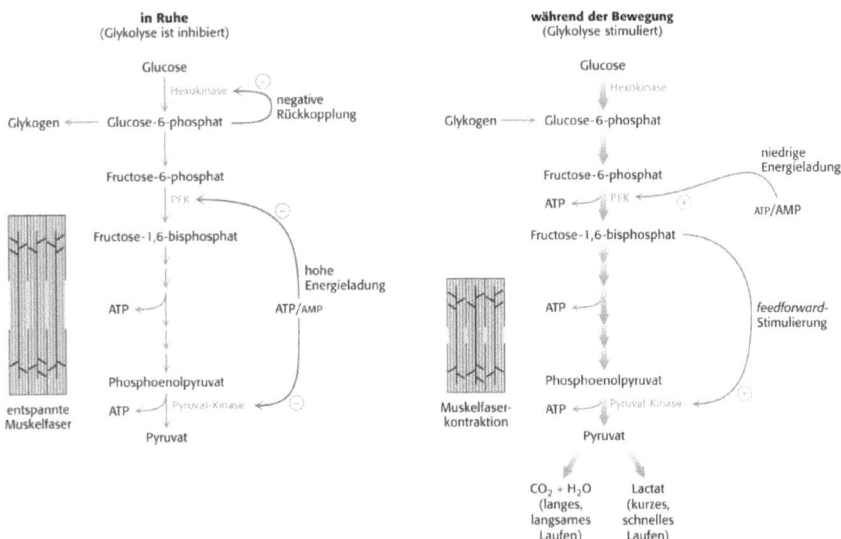

Einschleusung anderer Zucker in die Glycolyse

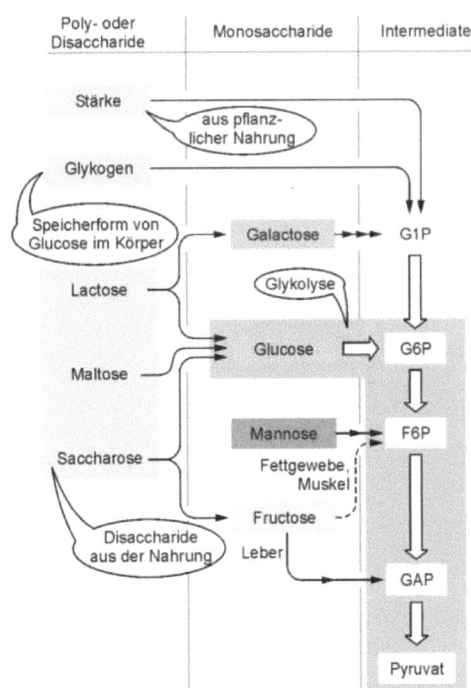

Galactose

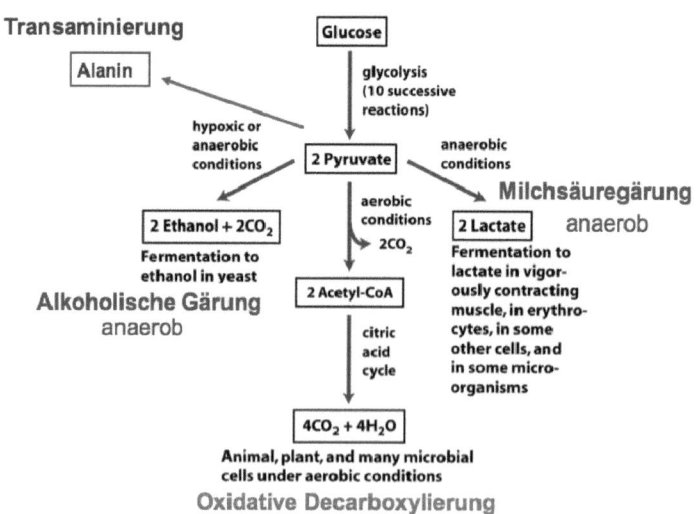

Verstoffwechselung von Pyruvat

Milchsäuregärung:
- Umwandlung von Pyruvat in Lactat unter Rückgewinnung des NAD^+
- Regeneration des NAD^+ unter anaeroben Bedingungen
→ *Glykolyse kann anaerob ablaufen*
- kein ATP-Gewinn aus NADH und Citratzyklus möglich.
- wichtig für Muskelarbeit bei Säugern (Sprint)

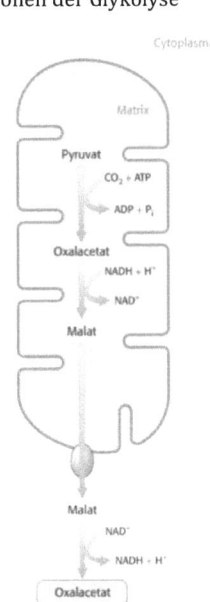

Pyruvat → Lactat (Lactat-Dehydrogenase)

Gluconeogenese

Neubildung von Glucose aus Pyruvat

Nettogleichung
2 CH$_3$COCOO$^-$ (Pyruvat) + 2 NADH + 4 ATP + 2 GTP + 2 H$^+$ + 2 H$_2$O
→ C$_6$H$_{12}$O$_6$ (Glucose) + 6 P$_i$ + 4 ADP + 2 GDP + 2 NAD$^+$

- in der Leber und in der Nierenrinde
- essentiell für Glucosehomöostase
- Gehirn benötigt ausschließlich Glucose
- Mensch: täglicher Bedarf 160 g (davon 120 g für das Gehirn)
- Gluconeogenese vor allem in Leber und Niere
- Pyruvat aus Laktat, Aminosäuren, Glycerin bei Säugern
- bei Pflanzen und Pilzen: Gluconeogenese auch aus Fettsäuren möglich
- keine direkte Umkehrung der Glykolyse, nutzt jedoch 7 der 10 Reaktionen der Glykolyse
- 3 Schritte der Glykolyse müssen gluconeogenetisch umgangen
werden

Pyruvatcarboxylase und Phosphoenolpyruvat-Carboxykinase umgehen die Pyruvatkinasereaktion
- Verschiedene Domänen der Pyruvatcarboxylase liefern CO$_2$ zum aktiven Zentrum
  1. Aktivierung des CO$_2$ zu *Carboxybiotin* (ATP-Verbrauch)
  2. Carboxybiotin schwenkt ins aktive Zentrum
  3. Carboxylierung von Pyruvat zu Oxalacetat
- Allosterische Aktivierung durch Acetyl-CoA
- Pyruvatcarboxylase ist ein Enzym der Mitochondrien-Matrix
   - Export des produzierten Oxalacetat als Malat
   → *Malat-Aspartat-Shuttle-System*
- Coexport von NADH → *Im Cytosol oxidiert die cytosolische Malatdehydrogenase Malat zu Oxalacetat, wobei NAD+ zu NADH reduziert wird*

Pyruvatcarboxylase

Phosphoenolpyruvat-Carboxykinase

Glycerin gelangt über Glycerinkinase und Glycerinphosphat- Dehydrogenase in die Glykolyse / Gluconeogenese

Fructose-1.6-bisphosphatase und Glucose-6-phosphatase umgehen Phosphofructokinase- und Hexokinasereaktion

Die Fructose-1,6-bisphosphatase katalysiert die Reaktion von Fructose-1,6-bisphosphat zu Fructose-6-phosphat. Glucose-6-phosphat wird von der Glucose-6-Phosphatase zu Glucose umgesetzt (in der Glykolyse katalysiert eine Hexokinase bzw. die Glucokinase (Hexokinase IV) die Rückreaktion).

14

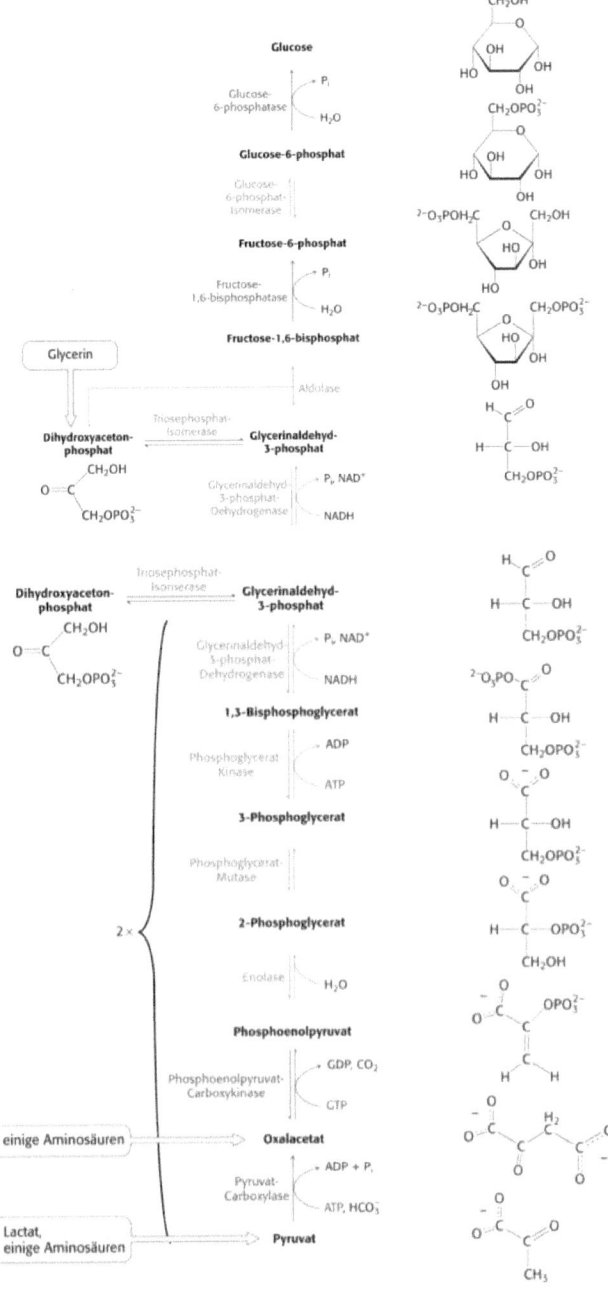

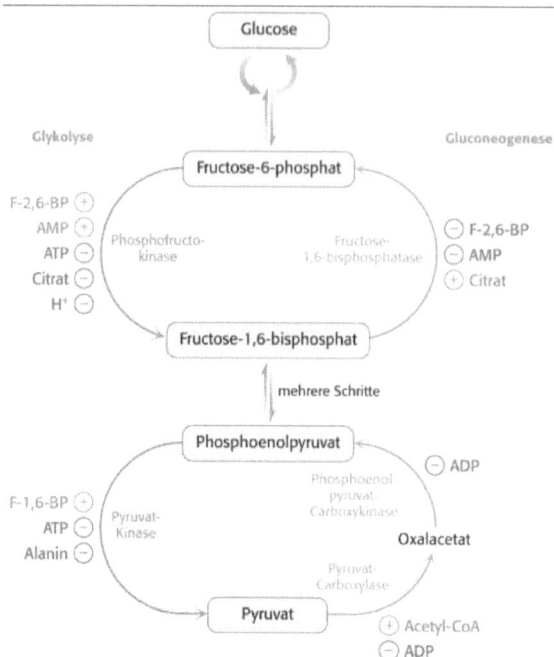

Glucoseexport setzt die Dephosphorylierung von Glucose-6-phosphat voraus
• Komplex aus Ca^{2+}-aktiviertem Protein, Glucose-6-phosphatase und 3 Transportproteinen
• Integrale Membranproteine der ER-Membran
• Dephosphorylierung im ER-Lumen
• Reimport in das Cytoplasma
• Export über GLUT2 (KM = 15-20mM) der Plasmamembran (Leber; Pankreas); tendenziell eher Import über GLUT4 (KM = 5 mM) in Leber- und Fettzellen (bei hoher Insulinkonzentration erhöhte Insertion in Plasmamembran)

Glyoxylatzyklus

• Bildung von Succinat aus Acetyl-CoA mit katalytischem Glyoxylat
• läuft zu Teilen in Glyoxisomen und im Cytosol ab
• in Pflanzen, Pilzen und Bakterien
• Pflanzen und Bakterien können zusätzlich Acetat zu Acetyl-CoA aktivieren
→ Wachstum auf Acetat möglich (Acetatkinase)
→ Umwandlung von Fettsäuren in Kohlenhydrate möglich

1. Schritt (auch im Menschen möglich):⬚Acetat + CoASH + ATP → Acetyl-CoA + AMP + PP_i

2. Schritt: 2 Acetyl CoA + NAD^+ + 2 H_2O → Succinat + NADH + 2 H^+

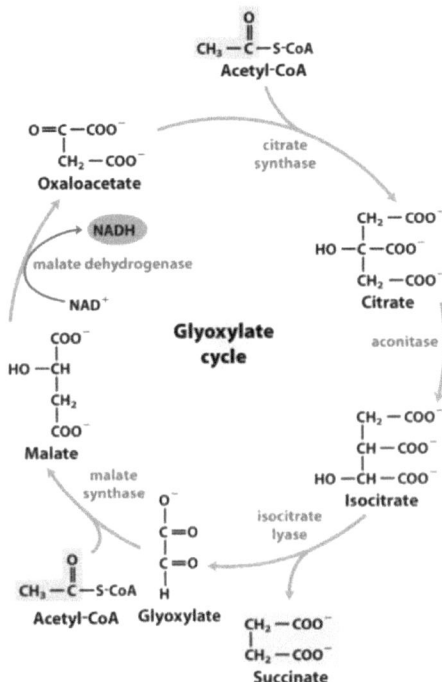

Da dem Menschen (und anderen Vertebraten) die beiden Enzyme **Isocitratlyase** und **Malatsynthase** fehlen, kann dieser gebildetes Acetyl-CoA entweder zu Fetten aufbauen oder im Citratzyklus veratmen. Infolgedessen kann ein Mensch bei einer Nulldiät aus seinen Fettreserven keine Kohlenhydrate generieren und muss diese (notgedrungen) über Aminosäuren beziehen. Deswegen werden bei dieser Diätform Muskeln abgebaut.

Pyruvat-Dehydrogenase-Komplex
- verknüpft die Glykolyse mit dem Citratzyklus, Ort: Matrix der Mitochondrien
- Cofaktoren: Thiaminpyrophosphat (TPP), Liponsäure (→ Liponamid), FAD, NAD+, CoA
- Bildung von Acetyl-CoA ist in höheren Eukaryoten *irreversibel* (Re-Synthese von Glukose ist nicht mehr möglich). Acetyl-CoA kann nur noch zu CO_2 oxidiert oder zur Synthese von Fettsäuren verwendet werden.
- PDH wird durch NADH, ATP und Acetyl CoA inhibiert. ADP und Pyruvat stimulieren PDH. PDH wird durch Phosphorylierung inaktiviert und durch Hydrolyse aktiviert.

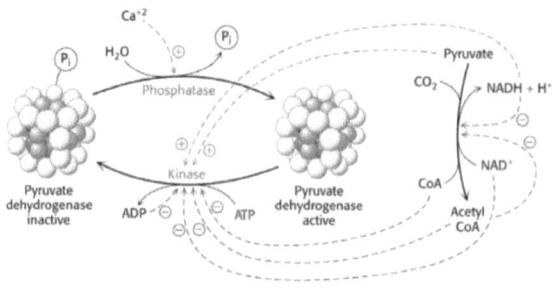

Summenformel:

2 Pyruvat + 2 CoA + 2 NAD⁺ → 2 Acetyl CoA + 2 CO2 + 2 NADH + 2 H⁺

1. Decarboxylierung

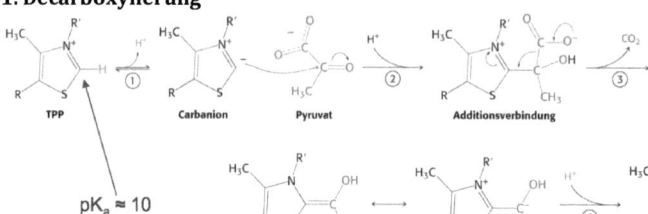

Seitenkette
von Lysin

reaktive Disulfidbindung
Liponamid

2. Oxidation

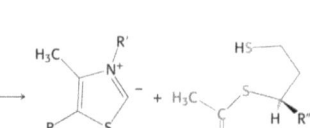

3. Bildung von Acetyl CoA

4. Regeneration

Distinkte Proteinumgebung für die Flavogruppe
ermöglicht e⁻-Übertragung von FADH₂ auf NAD⁺

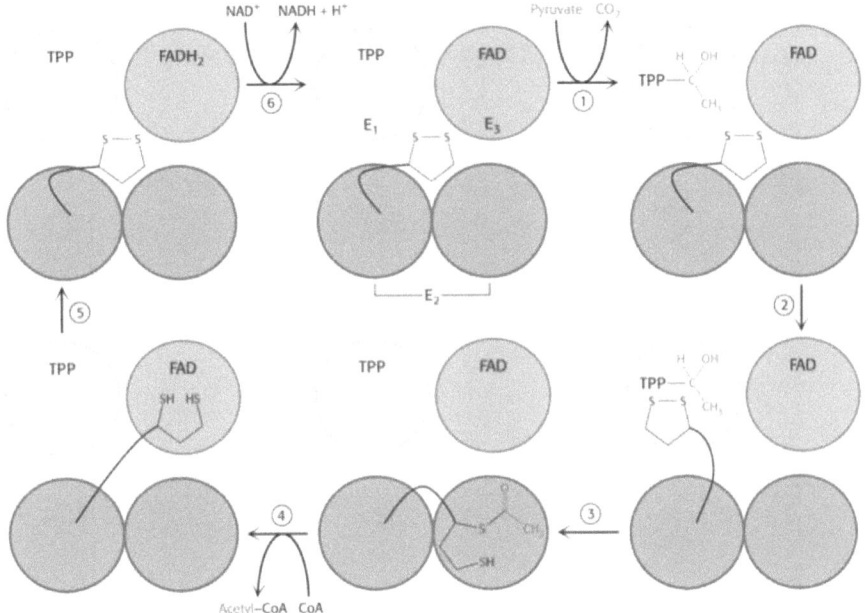

Citratzyklus

Nettogleichung Citratzyklus:
2 Acetyl CoA + 6 NAD$^+$ + 2 FAD + 2 GDP + 2 P$_i$ + 4 H$_2$O
→ 4 CO$_2$ + 6 NADH + 8 H$^+$ + 2 FADH$_2$ + 2 GTP + CoA

- Ort: Mitochondrienmatrix
- ausschließlich aerob: Regeneration von NAD$^+$ und FAD nur, wenn e$^-$-Transfer auf O$_2$ möglich
- energiereiche Reduktionsäqivalente (NADH, FADH$_2$) werden gebildet → Atmungskette

Regulation:

1. Citrat-Synthase: durch Verfügbarkeit der Substrate Oxalacetat und Acetyl CoA

2. Isocitrat-DHG: stimuliert durch ADP (verstärkte Substrataffinität); Isocitrat, NAD$^+$, Mg^{2+} und ADP binden kooperativ. NADH inhibiert die Bindung von NAD$^+$ kompetitiv.

3. α-Ketoglutarat-DHG: inhibiert durch Succinyl-CoA, NADH und hohe Energieladung ([ATP] >> [ADP])

Folge: α-Ketoglutarat verfügbar als Vorstufe für Synthese verschiedener Aminosäuren und von Purinen

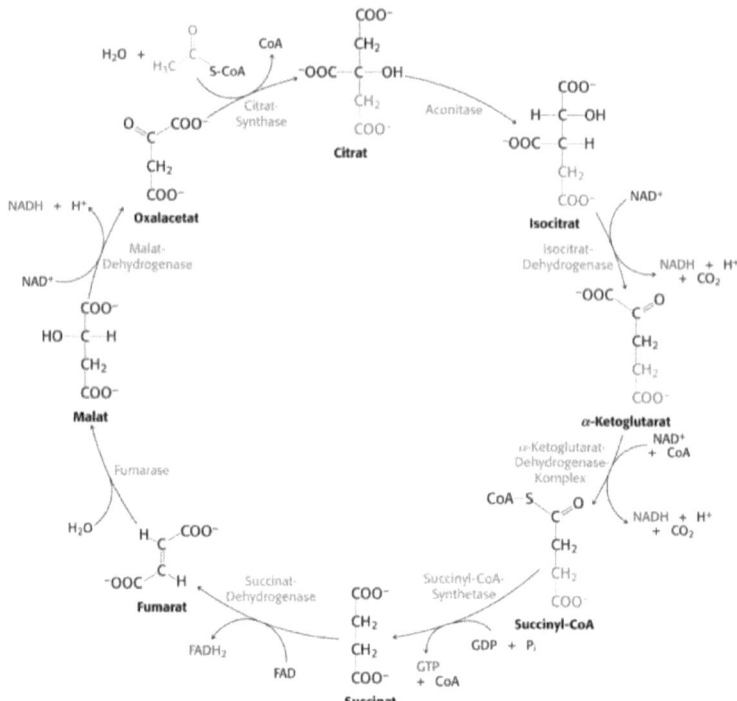

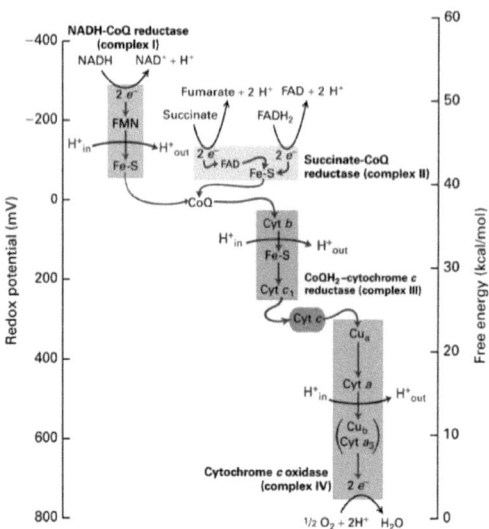

1. NADH tritt an Komplex I in die Atmungskette ein: Die NADH-Q Oxidoreduktase (NADH Dehydrogenase) transferiert e- auf Ubiquinon und transportiert dabei 4 Protonen.
NADH H^+_{matrix} + Q + 4 H^+_{matrix} → NAD^+ + QH_2 + 4 $H^+_{cytosol}$

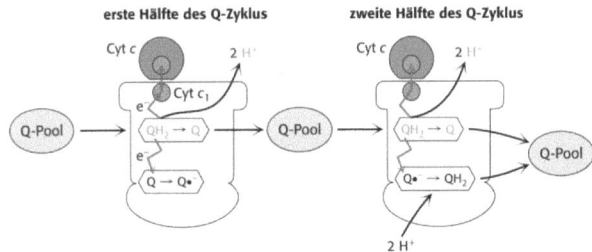

| Oxidized form of coenzyme Q (Q, ubiquinone) | Semiquinone intermediate (Q⁻) | Reduced form of coenzyme Q (QH₂, ubiquinol) |

2. Die e- des $FADH_2$ treten an Komplex II, der Succinatdehydrogenase, über Ubichinon in die Atmungskette ein.

3. Die e- des Ubichinols fließen durch die Q-Cytochrom c Oxidoreduktase (Komplex III; Cytochrom bc_1 complex) zum Cytochrom c. Dabei werden 2 Protonen gepumpt, und 2 Protonen durch Ubichinon/-ol transportiert.
QH_2 + 2 Cyt c_{ox} + 2 H^+_{matrix} → Q + 2 Cyt c_{red} + 4 $H^+_{cytosol}$

erste Hälfte des Q-Zyklus   zweite Hälfte des Q-Zyklus

• nacheinander binden 2 QH_2 an den Komplex; jedes gibt 2 e- und 2 H^+ zur cytoplasmatischen Seite hin ab
• ein Elektron wird auf den Rieske 2Fe-2S-Cluster übertragen → Cyt c_1 → reduziertes Cyt c (wird freigesetzt und diffundiert)
• zweites Elektron durchläuft die beiden Häm-Gruppen von Cyt b, und wird auf weiteres Q an zweiter Bindungsstelle übertragen; Q^{2-} zieht 2 H^+ von cytoplasmatischer Seite ab und wird dem QH_2 Pool in der Membran zugeführt
Häme und Cytochrome können nur jeweils ein Elektron aufnehmen!

4. Cytochrom c Oxidase (Komplex IV) übernimmt die e- von Cytochrom c, um sie unter Bildung von Wasser auf Sauerstoff zu übertragen.
2 Cyt c_{red} + 4 H^+_{matrix} + 1/2 O_2 → 2 Cyt c_{ox} + H_2O + 2 $H^+_{cytosol}$

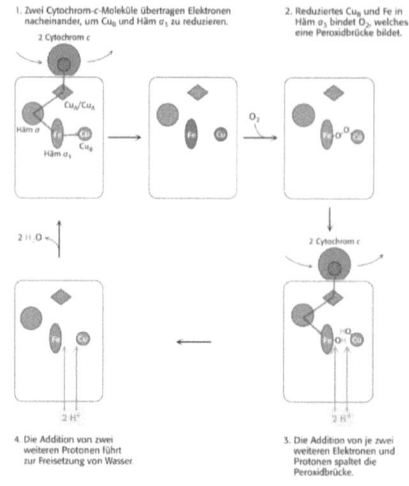

1. Zwei Cytochrom-c-Moleküle übertragen Elektronen nacheinander, um Cu_B und Häm a_3 zu reduzieren.

2 Cytochrom c

2 H_2O

4. Die Addition von zwei weiteren Protonen führt zur Freisetzung von Wasser.

2. Reduziertes Cu_B und Fe in Häm a_3 bindet O_2, welches eine Peroxidbrücke bildet.

2 Cytochrom c

3. Die Addition von je zwei weiteren Elektronen und Protonen spaltet die Peroxidbrücke.

Merkmale:

• Häme nicht kovalent ans Protein gebunden

• 2 Kupferzentren(Cu_A/ $Cu_{A'}$; Cu_B); verknüpft durch zwei Cys-Reste; Cu_B, koordiniert durch zwei His- und einen Tyr-verknüpften His-Rest);

• Elektronen fließen von Cyt c zu Cu_A/ Cu_A, dann zu Häm a

• Häm a_3 and Cu_B bilden das aktive Zentrum, an dem Sauerstoff zu Wasser reduziert wird

Zusammenfassung: Protonentransport

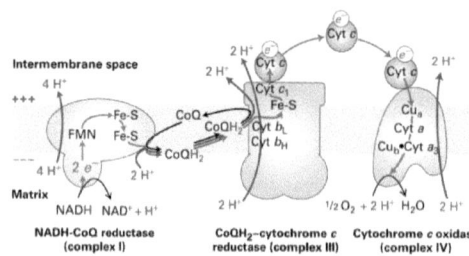

NADH-CoQ reductase (complex I)

CoQH_2–cytochrome c reductase (complex III)

Cytochrome c oxidase (complex IV)

Energieausbeute aus NADH:
$$NADH + H^+ + 1/2\, O_2 \longrightarrow H_2O + NAD^+$$

10 H+ insgesamt gepumpt
(4 H+ durch Komplexe I & III, 2 H+ durch Komplex IV)

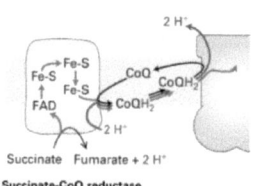

Succinate-CoQ reductase (complex II)

Energieausbeute aus FADH_2:
$$FADH_2 + 1/2\, O_2 \longrightarrow H_2O + FAD$$

6 H+ insgesamt gepumpt
(*keine* durch Komplex II, 4 H+ durch Komplex III, 2 H+ durch Komplex IV)

Der in der Atmungskette etablierte Protonengradient dient als Antrieb für die ATP-Synthese.

Nettoreaktion:
$$ADP^{3-} + HPO_4^{2-} + H^+ \rightarrow ATP^{4-} + H_2O$$

protonenmotorische Kraft (Δp) = chemischer Gradient (ΔpH) + Ladungsgradient ($\Delta\Psi$)

22

ATP-Synthase (F_0F_1-ATPase)

• F_1-Kopf: $\alpha_3\beta_3$-Hexamer (katalytisch aktiv, eigentliche ATP-Synthase; zur Matrix orientiert)
• verbunden über γ_ε Stiel mit
• F_0-Kanal: etwa 10-14 c Untereinheiten (beweglich) plus ab Stab (stationär)

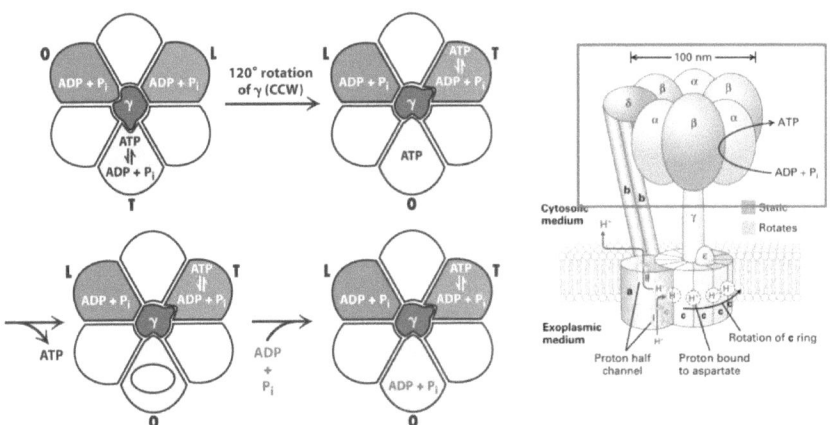

1) ADP und Pi binden (**L**oose conformation)
2) ATP synthetisieren (**T**ight conformation)
3) ATP freisetzen (**O**pen conformation).

Jede 360° Rotation erzeugt 3 ATP-Moleküle; 10 H+ werden für eine komplette Rotation gebraucht, d.h. 10 c Untereinheiten müssen angeschoben werden.
Folglich: Erzeugung von 1 ATP benötigt den Transport von etwa 3 H+.

Zusammenfassung:

• Die Atmungskette besteht aus vier Komplexen, die in die innere Mitochondrirenmembran eingebettet sind.
• Zwei Elektronen werden von NADH abgezogen und durch Komplex I, III und IV transferiert. Ubichinon/-ol dient als Shuttle von Komplex I zu Komplex III, Cytochrom c zwischen Komplex III und IV. An Komplex IV werden die Elektronen schließlich unter der Bildung von H_2O auf O_2 übertragen. Insgesamt werden während des Elektronentransports 10 Protonen über die innere Mitochondrienmembran gepumpt, die zur Ausbildung eines Membranpotentials beitragen.
• Die Elektronen aus $FADH_2$ treten an Komplex II der Atmungskette ein, einem Verknüpfungspunkt mit dem Citratzyklus. Die Elektronen tragen zur Vergrößerung des Ubichinol-Pools bei. Während der Übertragung der Elektronen von $FADH_2$ auf O_2 werden nur 6 Protonen gepumpt, da Komplex I umgangen wird.

Transportsysteme:

Malat-Aspartat-Shuttle

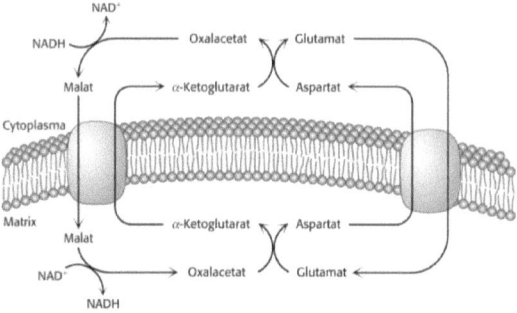

Weitere wichtige Transportsysteme.

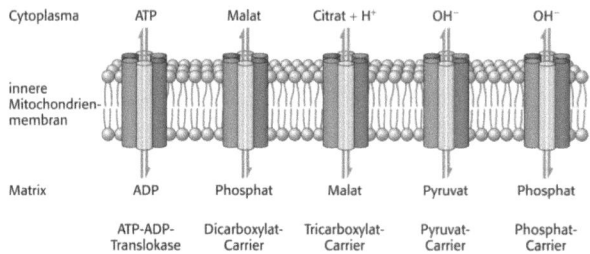

- Phosphat-Carrier: tauscht OH- gegen H2PO4- aus (neutral)
- Dicarboxylat-Carrier: Transport von Malat, Fumarat und Succinat ins Zytoplasma
- Tricarboxylat-Carrier: Austausch von Citrat gegen Malat und H+
- Pyruvat-Carrier: Eintritt von Pyruvat im Austausch gegen OH-

Photosynthese

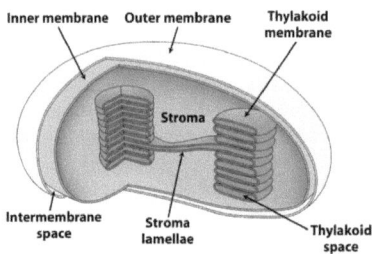

Lichtreaktion

Zwei Photosysteme (I und II) absorbieren Licht, dessen Energie verwendet wird
- ein Elektron von Wasser auf ein Chinon zu übertragen (dabei Freisetzung von O2 als Nebenprodukt)
- Reduktionsäquivalente (NADPH) zu bilden
- einen Protonengradienten über die Membran zu erzeugen, der zur ATP-Synthese verwendet werden kann

24

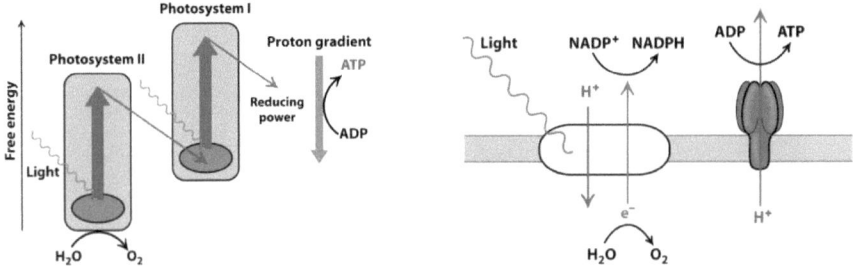

Photosystem II:

Grüne Pflanzen besitzen zwei Photosysteme: PS II (P680) überträgt Elektronen von Chlorophyll auf Plastochinon. Die Elektronen am Spezialpaar D1 und D2 werden durch Extraktion aus Wasser wieder aufgefüllt. Plastochinol wird durch den Cytochrom bf Komplex re-oxidiert, der die Elektronen auf Plastocyanin überträgt. Von dort aus treten die Elektronen in PS I (P700) ein. PS I überträgt Elektronen auf Ferredoxin. Die Ferredoxin-NADP⁺-Reduktase katalysiert schließlich die Bildung von NADPH im Stroma.
5. Die Reaktionen des PS II, des Cytochrom bf Komplex und der Ferredoxin-NADP⁺-Reduktase führen zur Bildung eines Protoen gradienten, der die ATP-Synthese antreibt.
• Transfer eines Elektrons auf Pheophytin → fest gebundenes Plastochinon Q_A → mobiles Plastochinon Q_B
• Absorption von vier Photonen nötig, um ein O_2 zu bilden $2 Q + 2 H_2O → O_2 + 2 QH_2$

Photosystem I:

• etwa 14 Untereinheiten, zwei zentrale Untereinheiten: psaA und psaB
• Lichtabsorption durch Spezialpaar von Chlorophyllmolekülen induziert Ladungstrennung: Angeregte Elektronen werden auf nahe gelegene Akzeptoren übertragen (Spezialpaar von Chlorophyll a (P700) → lichtinduzierte Ladungstrennung → Chlorophyll (A0) → Chinon (A1) → mehrere [4Fe-4S] Cluster → [2Fe-2S] Cluster des Ferredoxins)
• P700+ durch Elektronen-Transfer aus Plastocyanin (→ PS II) regeneriert

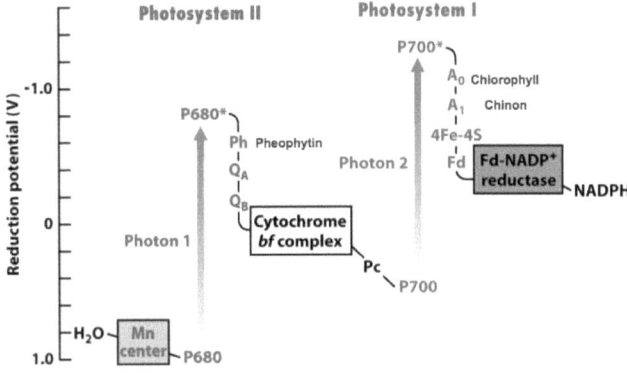

25

Der Protonengradient treibt die ATP-Synthese an

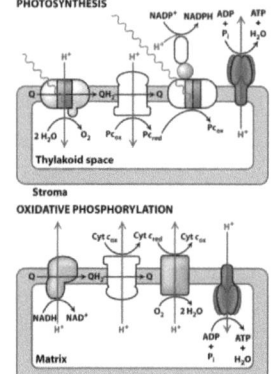

- protonenmotorische Kraft beruht v.a. auf dem pH-Gradienten (anders als in Mitochondrien), da Transport von Cl^- und Mg^{2+} den Ladungsaustausch herbeiführen

- $\Delta pH = 3.5 \rightarrow \Delta p = 0,2\ V \rightarrow \Delta G = -20\ kJ/mol$

- ATP-Synthase ähnelt der mitochondrialen: CF_1-CF_0 ATP-Synthase

- CF_0 als Membrananker, CF_1 zur ATP Synthese (β-Untereinheit zur mitochondrialen zu 60% identisch)

- **Beachte:** umgekehrte Membranorientierung, da entgegengesetzt eingerichteter Gradient!

- NADPH und ATP ins Stroma synthetisiert

Pigmente

Chlorophyll a alleine ist ein ineffizienter Akzeptor für Licht:
1. große Lücke im Absorptionsspektrum (am Maximum des solaren Spektrums)
2. relativ geringe Dichte von Chlorophyll a im Reaktionszentrum

Akzessorische Pigmente:

1. Chlorophylle und andere Klassen von Pigmenten
2. Resonanzenergietransfer zwischen benachbarten Pigments; angeregter Donor überträgt Energie auf Akzeptor von gleicher oder niedrigerer Energie
3. angeregter Zustand des Spezialpaares von Chlorophyll ist niedriger als der der akzessorischen Pigmente → fängt die Energie umliegender Akzeptoren ab

Die Absorption von Licht durch Chlorophyll induziert einen Elektronentransfer

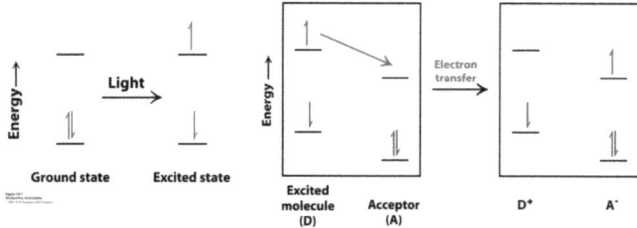

Dunkelreaktion ⬜Die in der Lichtreaktion gebildeten Reduktionsäquivalente werden zusammen mit ATP dazu verwendet, CO_2 zu höherwertigen organischen Substanzen umzusetzen.

$$CO_2 + H_2O \rightarrow (CH_2O) + O_2$$

- Absorption von Licht → Elektronen des Chlorophylls geht in angeregten Zustand über
- prinzipiell kann angeregtes Elektron in Grundzustand zurückfallen oder auf geeigneten Elektronen- Akzeptor übertragen werden
→ photoinduzierte Ladungstrennung (Donor oxidiert, Akzeptor reduziert)
- Die Initiation der Ladungstrennung erfolgt an speziellem Paar von Chlorophyllen.

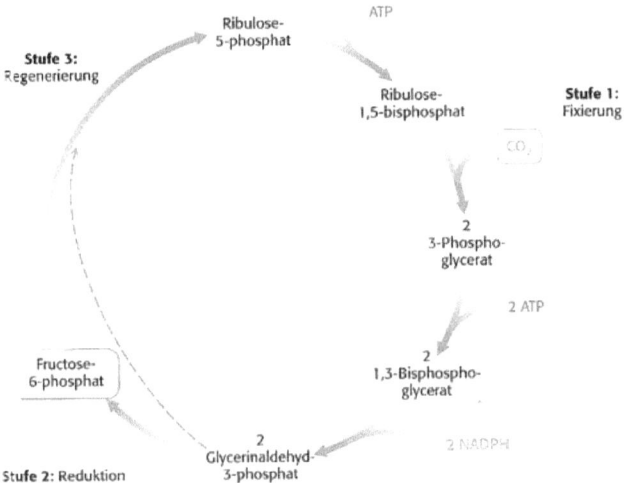

Calvinzyklus
1. Fixierung von CO_2 durch Ribulose-1,5-bisphosphat, Bildung von 3-Phosphoglycerat
2. Reduktion von Phosphoglycerat und Umwandlung in Hexosen
3. Regeneration von Ribulose-1,5-bisphosphat

Katalytische Promiskuität von Rubisco: Oxygenierung statt Carboxylierung

Ribulose 1,5-bisphosphate	Enediolate intermediate	2-Carboxy-3-keto-D-arabinitol 1,5-bisphosphate	Hydrated intermediate	3-Phosphoglycerate

Ribulose 1,5-bisphosphate	Enediolate intermediate	Hydroperoxide intermediate	3-Phosphoglycerate

Unter atmosphärischen Bedingungen liegt die Reaktionsrate für Oxygenierung bei 25% der der Carboxylierung

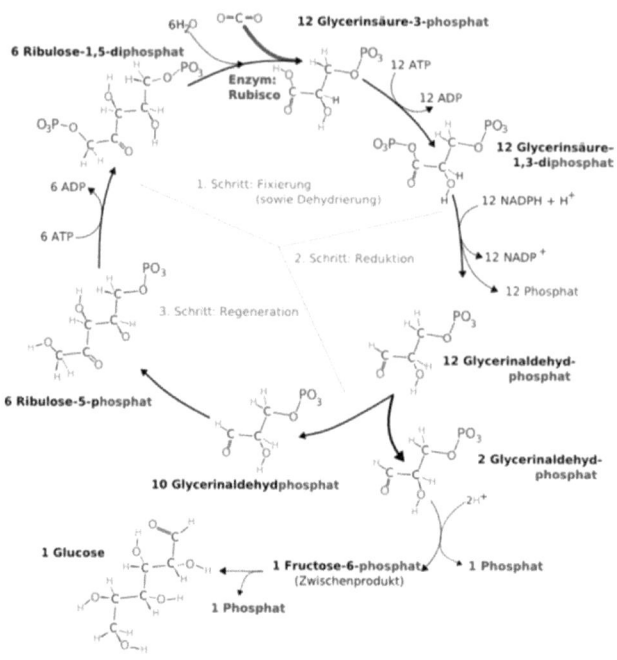

$$6\ CO_2 + 18\ ATP + 12\ NADPH + 12\ H_2O \rightarrow C_6H_{12}O_6 + 18\ ADP + 18\ P_i + 12\ NADP^+ + 6\ H^+$$

C4-Weg

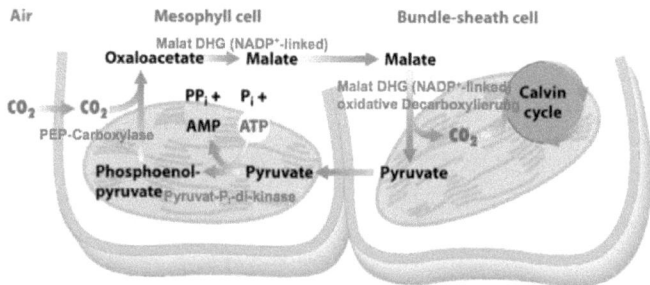

• erhöhte Temperatur steigert die Oxygenaseaktivität von Rubisco stärker als die Deoxygenaseaktivität
• tropische Pflanzen umgehen das Problem einer erhöhten Photorespiration durch lokale Erhöhung der CO_2-Konzentration an Orten des Calvinzyklus
• Mesophyllzellen sind in Kontakt mit der Luft und „fixieren" CO_2 in C_4-Körpern (Oxalacetat, Malat)
• C4-Körper werden in Zellen mit hoher Photosyntheseleistung transportiert, dort decarboxyliert und als C_3-Körper in die Mesophyllzellen zurückgebracht

Anpassungsfähigkeit von Pflanzen
- tagsüber bleiben Stomata geschlossen, um H_2O-Verdunstung zu vermeiden
- CO_2 wird nachts aufgenommen, im C_4-Weg als Malat fixiert und in dieser Form in Vakuolen gespeichert
- am Tag Decarboxylierung und Verstoffwechslung des CO_2 im Calvinzyklus
→ d.h. statt räumlicher zeitliche Trennung von CO_2-Anreicherung und CO_2-Verbrauch.

Zusammenfassung
- In der Lichtreaktion werden ATP and NADPH gebildet. Beide werden im Calvinzyklus verwendet, um Hexosen aus H_2O and CO_2 zu bilden.
- Initialer Akzeptor für CO_2 ist Ribulose-1,5-bishosphat, das danach in 2 Moleküle 3-Phosphoglycerat überführt wird (katalysiert durch Rubisco).
- 3-Phosphoglycerat wird benötigt, um Glucose-6-Phosphate und Fructose-6-Phosphat zu bilden. Pro Molekül an fixiertem CO_2 werden 18 Moleküle ATP und 12 Moleküle NADPH konsumiert.
- Die Speicherung von Hexosen erfolgt in Pflanzen in Form von Stärke oder Sucrose.
- Der Calvinzyklus wird durch Licht kontrolliert: Schlüsselenzyme des Zyklus werden durch Thioredoxin reguliert, das als Antwort auf erhöhte Konzentrationen von Ferredoxin reduziert wird. Daneben hängt die Aktivität von Rubisco vom pH und der Konzentration von Mg^{2+} im Stroma ab.
- Neben der Carboxylierung katalysiert Rubisco auch die verschwenderische Oxygenierung von Ribulose-1,5-Bisphosphate. Dies führt zur Freisetzung von CO_2 und zu einem weiteren Verbrauch von O_2 (Photorespiration). Tropische Pflanzen minimieren das Ausmaß der Nebenreaktion durch die zeitliche und/oder räumliche Trennung von Licht- und Dunkelreaktion. Einige Pflanzen verwenden akzessorische Wege (C_4-Weg), um CO_2 lokal an solchen Orten zu speichern, an denen der Calvinzyklus abläuft.

Pentosephosphatweg

Bedeutung des Pentosephosphatwegs
1. Bereitstellung von NADPH
2. Bereitstellung von Pentosen z.B. für Nukleotidsynthese

Nettogleichung:
Glucose-6-Phosphat + 2 NADP+ + H2O → Ribose-5-phosphat + CO2 + 2 NADPH + 2 H+

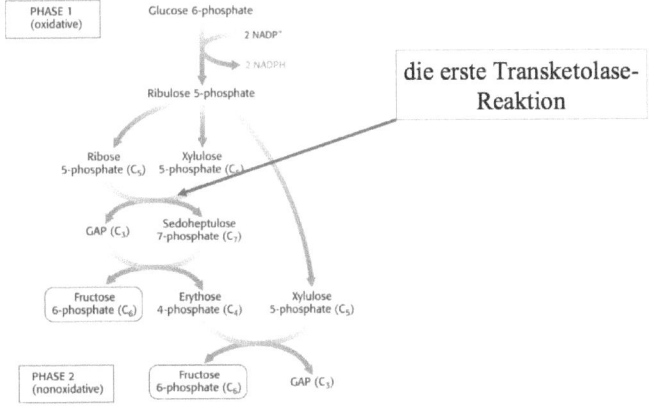

die erste Transketolase-Reaktion

Oxidativer Teil

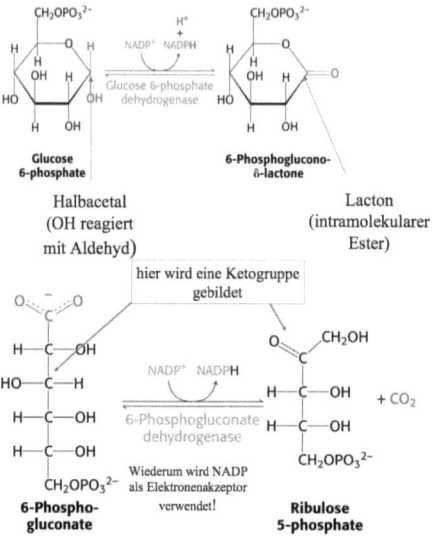

Glucose 6-phosphate → 6-Phosphoglucono-δ-lacton

Halbacetal
(OH reagiert
mit Aldehyd)

Lacton
(intramolekularer
Ester)

hier wird eine Ketogruppe gebildet

6-Phosphogluconate → Ribulose 5-phosphate $+ CO_2$

Wiederum wird NADP als Elektronenakzeptor verwendet!

Nichtoxidativer Teil

Übertragung der Ketogruppe

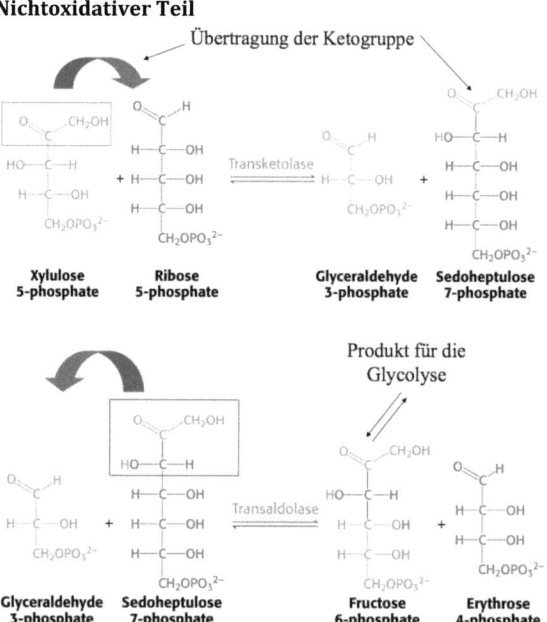

Produkt für die Glycolyse

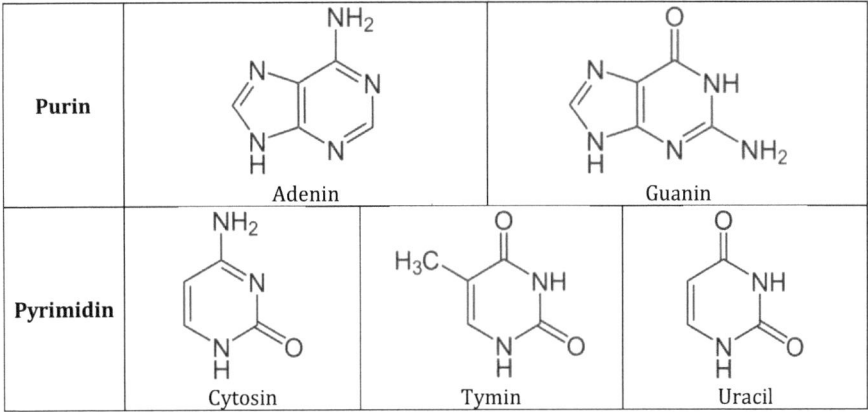

Können beide reversibel
in der Glycolyse verwertet
werden

Erythrose 4-phosphate + Xylulose 5-phosphate ⇌ (Transketolase) Fructose 6-phosphate + Glyceraldehyde 3-phosphate

Nukleotibiosynthese

Bedeutung der Nukleotide
1. Ausgangssubstanzen für DNA- und RNA-Synthese
2. chemischer Energieträger
3. Cofaktoren von NAD, FAD, S-Adenosylmethionin, CoA
4. UDP-Glucose; CDP-Diacylglycerin
5. Hormone der Gefäßregulation
6. Signaltransduktion (cAMP)

Wiederholung:
5'-Ende: Phosphat
3'-Ende: OH-Gruppe (neue Nukleotide werden hier in 5'-3'-Richtung angebaut)

Paarungen:
Adenin mit Thymin (2 WSB), Cytosin mit Guanin (3 WSB)

Purin	Adenin	Guanin
Pyrimidin	Cytosin	Tymin · Uracil

aktivierte Ribose

Ribose-5-phosphat + ATP → 5-Phosphoribosyl-1-pyrophosphat (PRPP) + AMP

31

Salvage Pathway

aktivierte Ribose (PRPP) + Base aus dem DNA/RNA Abbau → Nukleotid

De Novo Pathway

aktivierte Ribose (PRPP) + Aminosäuren + ATP + CO₂ → Nukleotid

Purin-de-novo-Synthese: Produkt IMP (→ AMP und GMP)

Unterschiede: Purinbase wird an Zucker gebunden und Stück für Stück aufgebaut, Pyrimidinbasen werden als fertige Base an den Zucker gebunden.

Abbau der Purinnukleotide

GMP und AMP → Xanhtine → Urat

Gicht: Ablagerungen von Harnsäurekristallen (Urat) in peripheren Gelenken und Geweben durch Fehlfunktion des Enzyms HGRPT.

Fettsäurestoffwechsel

Bereitstellung:

Hydrolyse
- Glucagon und Adrenalin stimulieren 7TM-Rezeptoren im Fettgewebe
- Aktiviert Adenylat-Cyclase → ATP->cAMP → aktiviert Proteinkinase A → phosphoryliert Peripilin A und hormonsensitive Triacylglycerinlipase
- Spaltung der Triacylglyceride in Glycerin und Fettsäuren
(Glycerin: -> Leber, Umwandlung in Glycerinaldehyd-3-phosphat)

Transport
- Abgabe aus dem Fettgewebe als Fettsäure-Albumin-Komplexe/Serumalbumin ins Blut
(← HSL, Adrenalin stimuliert, Insulin inhibiert)
- Abgabe aus dem Darm als Chylomikronen in die Lymphe
- Abgabe aus der Leber als Lipoproteine (VLDL)
- energiereiche Thioesterbindung an Acetyl-CoA aktiviert Fettsäure
- Transport durch die Mitochondrienmembran: Acyl-CoA+Carnitin -> Acylcarnitin, Translokase, Acylcarnitin -> Acyl-CoA+Carnitin

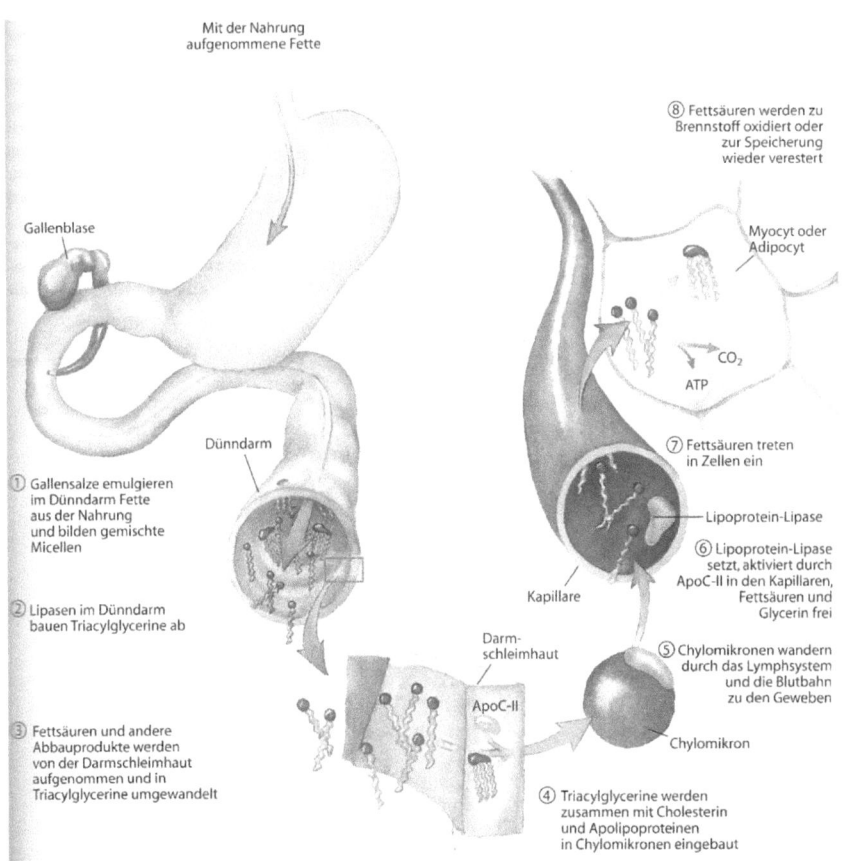

Mit der Nahrung
aufgenommene Fette

⑧ Fettsäuren werden zu
Brennstoff oxidiert oder
zur Speicherung
wieder verestert

Gallenblase

Myocyt oder
Adipocyt

CO₂

ATP

Dünndarm

⑦ Fettsäuren treten
in Zellen ein

① Gallensalze emulgieren
im Dünndarm Fette
aus der Nahrung
und bilden gemischte
Micellen

Lipoprotein-Lipase

⑥ Lipoprotein-Lipase
setzt, aktiviert durch
ApoC-II in den Kapillaren,
Fettsäuren und
Glycerin frei

Kapillare

② Lipasen im Dünndarm
bauen Triacylglycerine ab

Darm-
schleimhaut

⑤ Chylomikronen wandern
durch das Lymphsystem
und die Blutbahn
zu den Geweben

ApoC-II

③ Fettsäuren und andere
Abbauprodukte werden
von der Darmschleimhaut
aufgenommen und in
Triacylglycerine umgewandelt

Chylomikron

④ Triacylglycerine werden
zusammen mit Cholesterin
und Apolipoproteinen
in Chylomikronen eingebaut

33

β-Oxidation in den Mitochondrien der Muskelzellen:

$(C_{16})R - CH_2 - CH_2 - \overset{\beta}{CH_2} - \overset{\alpha}{\underset{\underset{O}{\|}}{C}} - S\text{-}CoA$ Palmitoyl-CoA

Acyl-CoA
Dehydrogenase

$\quad$ FAD
$\quad$ FADH$_2$

$R - CH_2 - \overset{H}{\underset{\underset{H}{|}}{C}} = \overset{}{\underset{\underset{O}{\|}}{C}} - C - S\text{-}CoA$ *trans*-Δ^2-Enoyl-CoA

Enoyl-CoA-Hydratase

$\quad$ H$_2$O

$R - CH_2 - \overset{OH}{\underset{\underset{H}{|}}{C}} - CH_2 - \overset{}{\underset{\underset{O}{\|}}{C}} - S\text{-}CoA$ L-β-Hydroxyacyl-CoA

β-Hydroxyacyl-CoA-
Dehydrogenase

$\quad$ NAD$^+$
$\quad$ NADH + H$^+$

$R - CH_2 - \overset{}{\underset{\underset{O}{\|}}{C}} - CH_2 - \overset{}{\underset{\underset{O}{\|}}{C}} - S\text{-}CoA$ β-Ketoacyl-CoA

Acyl-CoA-Acetyl-
transferase (Thiolase)

$\quad$ CoA-SH

$(C_{14})R - CH_2 - \overset{}{\underset{\underset{O}{\|}}{C}} - S\text{-}CoA$ + $CH_3 - \overset{}{\underset{\underset{O}{\|}}{C}} - S\text{-}CoA$

(C_{14}) Acyl-CoA
(Myristoyl-CoA) $\qquad$ Acetyl -CoA

(a)

Schritt 1: Dehydrierung von Fettsäureacyl-CoA mittels Acyl-CoA-Dehydrogenase; Elektronenübertrag auf FAD → FADH$_2$

Schritt 2: Addition von H$_2$O durch Enoyl-CoA-Hydratase

Schritt 3: Oxidation/Dehydrierung via NAD$^+$

Schritt 4: Abspaltung von Acetyl-CoA, Addition von CoA-SH

Schritt 5: Sukzessiver Abbau von Fettsäuren mittels β-Oxidation zum Acetyl-CoA

Da die meisten Doppelbindungen der natürlich vorkommenden ungesättigten Fettsäuren eine cis-Konfiguration aufweisen, die Enzyme der β-Oxidation aber nur Substrate in trans-Konfiguration akzeptieren, müssen diese zunächst durch spezifische Isomerasen umgewandelt werden → Δ2-trans-Enoyl-CoA. **Enoyl-CoA-Isomerase**

Ein weiteres Problem stellen direkt aufeinander folgende Doppelbindungen (-CH=CH-CH=CH-) dar. Diese müssen so reduziert werden, dass nur noch eine Doppelbindung (-CH2-CH=CH-CH2-) bestehen bleibt, um von den Enzymen erkannt zu werden. **2,4-Dienoyl-CoA-Reduktase**

Die ersten drei Schritte der beta-Oxidation sind analog zu drei aufeinanderfolgenden Reaktionen im Citratzyklus.

Succinat → Fumarat (FAD → FADH2)
Fumarat → Malat (H2O)
Malat → Oxalacetat (NAD+ → NADH H+)

C_{14} ◯ → Acetyl -CoA
C_{12} ◯ → Acetyl -CoA
C_{10} ◯ → Acetyl -CoA
C_{8} ◯ → Acetyl -CoA
C_{6} ◯ → Acetyl -CoA
C_{4} ◯ → Acetyl -CoA
Acetyl -CoA

$$\frac{C\,Atome}{2} - 1 = \text{Anzahl der Durchläufe} = FADH_2 + NADH\ H^+$$

→ Für jede C2-Einheit werden zunächst 4 Moleküle ATP gebildet.

Es entstehen zudem $\dfrac{C\,Atome}{2}$ = Acetyl CoA → im Citratzyklus oxidiert → 10ATP

Regulation:
Geschwindigkeit des Carnitin-Shuttle wirkt limitierend. Malonyl-CoA aus der FS-Biosynthese inhibiert Carnitin-Acyltransferase I, wenn der Körper mit Glucose überversorgt ist.

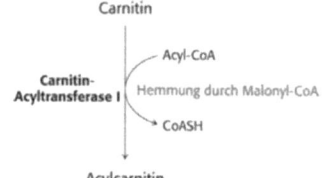

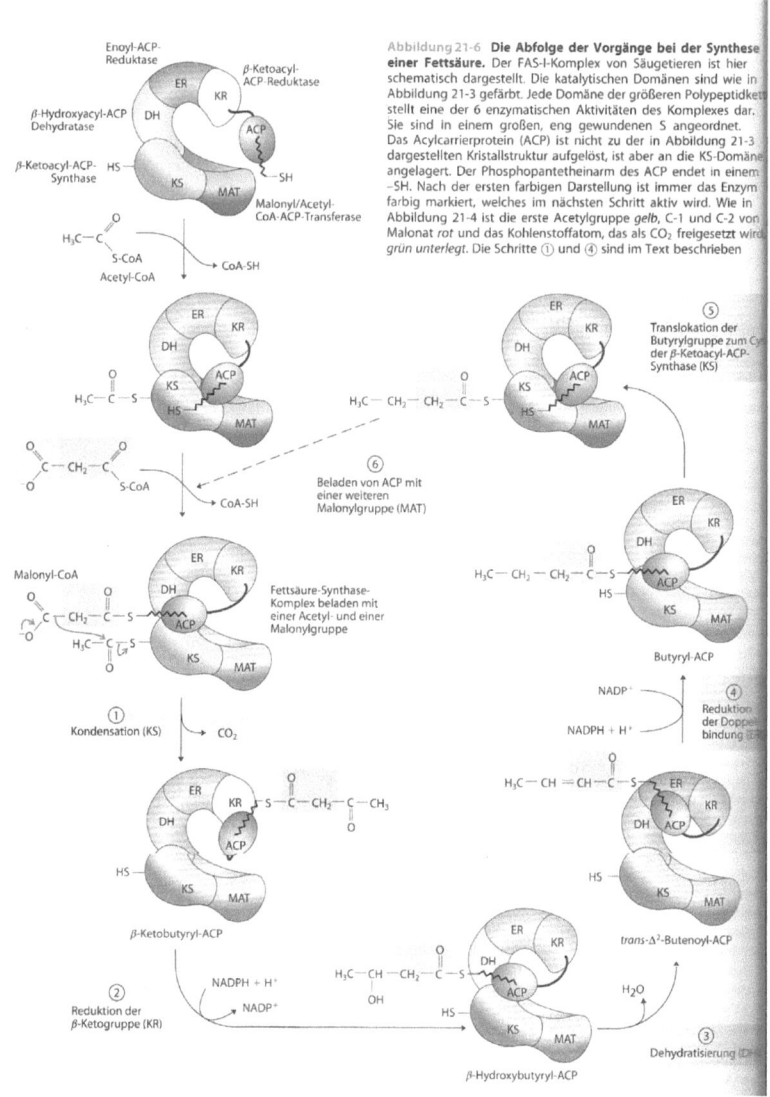

Abbildung 21-6 **Die Abfolge der Vorgänge bei der Synthese einer Fettsäure.** Der FAS-I-Komplex von Säugetieren ist hier schematisch dargestellt. Die katalytischen Domänen sind wie in Abbildung 21-3 gefärbt. Jede Domäne der größeren Polypeptidkette stellt eine der 6 enzymatischen Aktivitäten des Komplexes dar. Sie sind in einem großen, eng gewundenen S angeordnet. Das Acylcarrierprotein (ACP) ist nicht zu der in Abbildung 21-3 dargestellten Kristallstruktur aufgelöst, ist aber an die KS-Domäne angelagert. Der Phosphopantetheinarm des ACP endet in einem –SH. Nach der ersten farbigen Darstellung ist immer das Enzym farbig markiert, welches im nächsten Schritt aktiv wird. Wie in Abbildung 21-4 ist die erste Acetylgruppe *gelb*, C-1 und C-2 von Malonat *rot* und das Kohlenstoffatom, das als CO_2 freigesetzt wird, *grün unterlegt*. Die Schritte ① und ④ sind im Text beschrieben

1. Schritt: Malonyl-CoA

Acetyl-CoA reagiert mit HCO_3^{3-} zu Malonyl-CoA, d.h. CO_2 wird übertragen (irreversibel) katalysiert durch Acetyl-CoA-Carboxylase

2. Schritt: Kondensation

aktivierte Acetylgruppe + Malonylgruppe → Acetacetyl-ACP (beta-Ketoacyl-ACP-Synthase)

CO_2 wird hier wieder freigesetzt. β-Oxidation ist stark exergon, Biosynthese müsste also stark endergon (= ungünstig) sein. Aktivierte Malonyl-Gruppe begünstigt Reaktion thermodynamisch, da C-Atom zwischen Carbonyl- und Carboylgruppe ein sehr gutes Nukleophil ist. Decarboylierung erleichtert den nukleophilen Angriff am Thioester. Kondesation + Decarboxylierung = stark exergon

3. Schritt: Reduktion der Carbonylgruppe

am C_3-Atom durch NAPH H^+ → D-β-Hydroxylbutyryl-ACP
katalysiert durch β-Ketoacyl-ACP-Reduktase

4. Schritt: Dehydratisierung

an C_2 und C_3 wird H_2O eliminiert → trans-Δ^2- Butenoyl-ACP
→ Doppelbindung (β-Hydroxyacyl-ACP-Dehydratase)

5. Schritt: Reduktion der Doppelbindung

Doppelbindung wird gesättigt durch NADPH H^+ → Butyryl-ACP,
katalysiert durch Enoyl-ACP-Reduktase

Regulation:

Acetyl-CoA-Carboxylase stellt den
geschwindigkeitsbestimmenden Schritt dar.
aktiviert durch: Citrat (allosterisch)
inhibiert: Palmitoyl-CoA (Feedback-Inhibitor),
Glucagon/Adrenalin (Phosphorylierung)

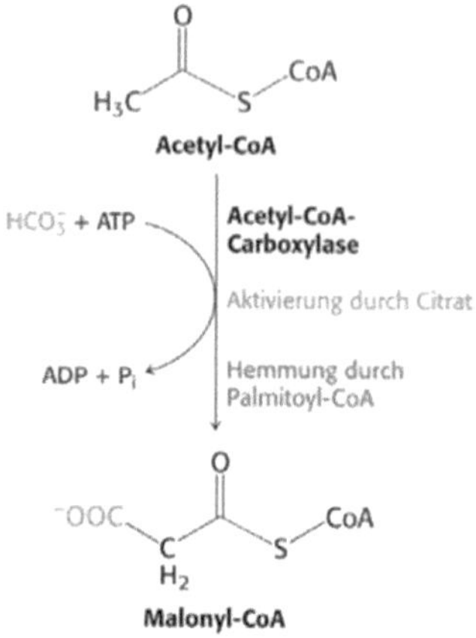

Acetyl-CoA

HCO_3^- + ATP — Acetyl-CoA-Carboxylase

Aktivierung durch Citrat

ADP + P_i — Hemmung durch Palmitoyl-CoA

Malonyl-CoA

	Fettsäureabbau	Fettsäurebiosynthese
a. Ort des Stoffwechselweges	Muskelzellen, Mitochondrienmatrix	Leber, Cytosol
b. Carrierprotein	Zwischenstufen an Sulfhydryl-Gruppen von Coenzym A gebunden	Acyl-Carrier-Protein-Domäne (ACP), Zwischenstufen an Sulfhydryl-Gruppen gebunden
c. Reduktanten / Oxidanten	FAD, NAD^+	NADPH H^+
d. Organisation des Enzymssytems	Acyl-CoA-Dehydrogenase, Enoyl-CoA-Hydratase, 1-Hydroxyacyl-CoA-Dehydrogenase, Thiolase	Fettsäure-Synthase-Komplex (FAS I) (Acetyl-CoA-Carboxylase, Malonyl-Transferase (MAT), Ketoacyl-Synthase (KS), Ketoacyl-ACP-Reduktase (KR), Hydroxyacyl-ACP-Dehydratase (DH), Enoyl-ACP-Reduktase (ER), Acyl-Hydrolase)

Cholesterinbiosynthese

a) Isopentenyl-Phosphat:
Isopentenyl-Phosphat wird im Mevalonatbiosyntheseweg gebildet.

b) Squalen
Squalen wird ausgehend von Isopentenylpyrophosphat durch eine Reihe von Kondensationsreaktionen synthetisiert. Dabei entsteht zunächst Geranylpyrophosphat, dieses kondensiert dann mit Isopentenylpyrophosphat zu Farnesylpyrophosphat. Alle Kondensationen katalysiert die Geranyltransferase. Zwei Moleküle Farnsylpyrophosphat werden schließlich unter NADPH-Verbrauch zu Squalen verknüpft, was durch die Squalensynthase im endoplasmatischen Retikulum katalysiert wird.

Die Schwanz-zu-Schwanz-Verknüpfung von zwei Molekülen Farnesylpyrophosphat zu Squalen katalysiert die Squalen-Synthase

c) Wie erfolgt die Reaktion von Squalen zu Cholesterin?
Squalen wird für die Synthese aller zyklischen Triterpene und Steroide als Zwischenstufe gebildet. Dabei wird Squalen zunächst durch eine Monooxygenase unter NADPH-Verbrauch aktiviert, es entsteht Squalenepoxid (2,3-Oxidosqualen). Dieses wird schließlich durch die Oxidosqualen-Zyklase in Lanosterin zyklisiert. Durch eine Reihe nachfolgender Reaktionen entsteht schließlich Cholesterin.

d) Woher stammen die Kohlenstoffatome des Cholesterins?
Acetyl-CoA

e) Geben Sie die Strukturformel von Cholesterin an.

7. Aufgabe
Welche Funktion erfüllt Cholesterin in der Zelle? Für welche anderen Moleküle dient es als Vorläufer?

- Bestandteil der Zellmembran, erhöht die Stabilität
- Speicherlipid
- Basis für die Synthese weiterer wichtiger Stoffe (Steroidhormone und Gallensäuren (Cholsäure und Glykocholsäure), Bildung von Hormonen (Pregnenolon → Testosteron, Östradiol und Progesteron und Nebennierenhormone (Corticoide) wie Cortisol und Aldosteron)
- Signalstoffe in die Zellmembran einzuschleusen und wieder hinauszubefördern.
- Zwischenprodukt der Cholesterinbiosynthese, das 7-Dehydrocholesterin, ist das Provitamin zur Bildung von Vitamin D durch UV-Licht

Proteinabbau

Abbau von Nahrungsproteinen
- Darmlumen
- Enterozyten (Cytoplasma)

Abbau von extrazellulären Proteinen
- Lysosomen

Abbau von zellulären Proteinen
- Cytoplasma (Proteasom)

Magenschleimhaut	Dünndarmmucosa
• Mucosa-Zellen • Enterozyten (=Saumzellen): Verdauung, Aufnahme • Hauptzellen: Pepsinogen • Hormon-produzierende Zellen: Sekretin • Paneth-Körnerzelle: Peptidasen	• Mikrovilli (Bürstensaum) mit Glykokalyx: Oberflächenvergrößerung und Schutz vor Selbstverdauung • Enterozyten (=Saumzellen): Verdauung, Aufnahme • Becherzellen: Schleim (Muzin) • Hormon-produzierende Zellen: Sekretin • Paneth-Körnerzelle: Peptidasen

Je nach Herkunft der Proteine existieren unterschiedliche zelluläre Abbauwege
• Endocytotisch aufgenommene Proteine: Lysosomale Proteasen
• Membranproteine: α-, β-, γ-Sekretase
• ER Proteine: Rücktransport ins Cytoplasma → Unfolded Protein Response
• Cytoplasmatische Proteine: Proteasom, Caspasen → Apoptose

N-End-Rule: Die Halblebensdauer von Proteinen wird über die N-terminale Aminosäure mitbestimmt

Abbau
1. Schritt: Markierung mit Ubiquitin
2. Schritt: Abbau durch Proteasen im Proteasom

Verschiedene zelluläre Vorgänge werden durch Proteinabbau reguliert
• Transkription
• Zellzykluskontrolle
• Bildung von Organen
• Circadianer Rhytmus
• Entzündungsantwort
• Tumorsuppression
• Cholesterinstoffwechsel
• Antigen-Prozessierung

Zusammenfassung
• Extrazelluläre Proteine werden im extrazellulären Raum oft schon geschnitten. In den Zellen erfolgt der Abbau nach Endocytose/Phagocytose in den Lysosomen durch saure Proteasen (Cathepsine).
• Cytoplasmatische Proteine werden polyubiquitinyliert und damit an das Proteasom zum Abbau überstellt, wo sie zu Peptiden mit 7-9 Resten abgebaut werden.
• Polyubiquitinylierung ist die molekulare Basis der N-End-Rule, wonach Proteine mit verschiedenen N-terminalen Reste unterschiedlich schnell abgebaut werden.
• Ubiquitin ist ein kleines ubiquitäres Protein im Cytoplasma, das zu verschiedenen Signalen verarbeitet wird (Proteinabbau, Signaltransduktion, Transkriptionskontrolle)
• Das Signal für Proteinabbau ist Polyubiquitin (4 – 50 Ubiquitine), die untereinander durch Isopeptidbindungen (C-Terminus nach Lys 48) verbunden sind.
• Polyubiquitinylierung erfolgt durch E3-Ubiquitin-Ligasen. Vorarbeit aktiviert E1-Ubiquitin-activating enzyme unter ATP-Verbrauch (Thioesterbindung), E2-Ubiquitin-conjugating enzyme übernimmt (Poly-)ubiquitinreste und vermittelt diese an E3 Ligase.
• Polyubiquitinylierte Peptide werden vom Proteasom erkannt.
• Proteasomen existieren im Cyto- und Nukleoplasma. Sie bestehen aus dem proteolytisch aktiven 20S core particle und den 19S caps (Haubenpartikeln).
• Der 20S core besteht aus zwei Ringen zu 7 ⍰-Untereinheiten, die 2 Ringe aus je 7 ⍰-Untereinheiten Flankieren.
• 3 ⍰-Untereinheiten je Ring enthalten katalytisch aktive Threoninreste.
• Das abzubauende Protein muss entfaltet ins Innere des 20S core particles gebracht werden.
• Die Haubenpartikel binden und entfernen die Ubiquitinreste (Regenerierung), entfalten das Protein unter ATP-Verbrauch und fädeln es in den 20S core ein.

Harnstoffzyklus

1. **Abspaltung der α-Aminogruppe**

   a) Transaminierung   Übertragung auf eine
                                     α-Ketosäure

   b) Desaminierung   Bildung von
                                     Ammoniak

2. **Metabolisierung des Kohlenstoffgerüstes**

   a) ketogener Abbau   Entstehung von
                                     Ketonkörpern möglich

   b) glucogener Abbau   Bildung von Glucose
                                     möglich

3. **Ausscheidung des Stickstoffs**

   - Harnstoffzyklus

   - Bildung von Ammoniak, Harnstoff
     oder Harnsäure

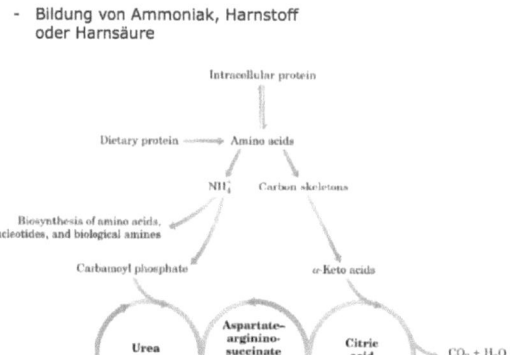

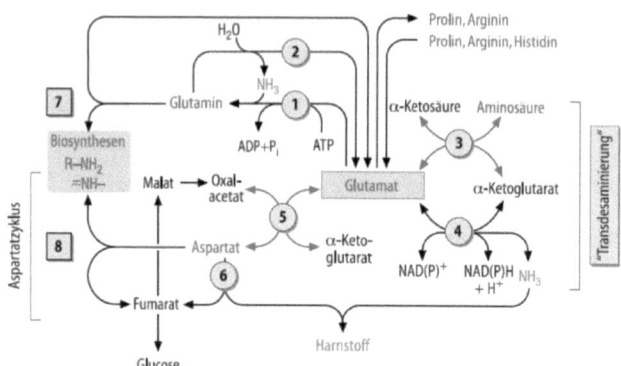

L-Glutamat ist die zentrale Drehscheibe des Aminosäure- stoffwechsels

PALP (Pyridoxalphosphat) ist ein zentrales Coenzym im Aminosäurestoffwechsel
• Bildung aus Pyridoxin (Gemisch aus Pyridoxol, Pyridoxamin und Pyridoxal)
• Coenzym im Aminosäurestoffwechsel bei
- Transaminierungen
- Decarboxylierungen
- verschiedenen Eliminierungsreaktionen

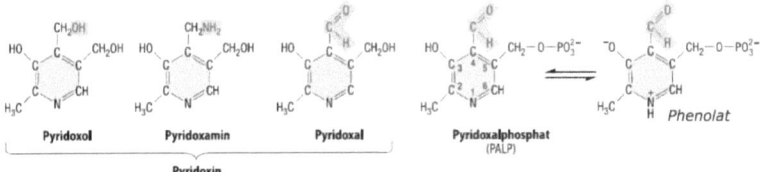

Zentraler Mechanismus der Transaminierung ist die reversible Bildung eines Aldimins mit PALP
• Bildung des Aldimins (einer Schiffschen Base) aus Pyridoxalphosphat und der alpha-Aminogruppe der Aminosäure
• Umlagerung zum Ketimin
• Aminogruppe wird im Pyridoxaminphosphat „geparkt"

Im Ruhezustand ist PALP als Schiff-Base an ein Lysin gebunden

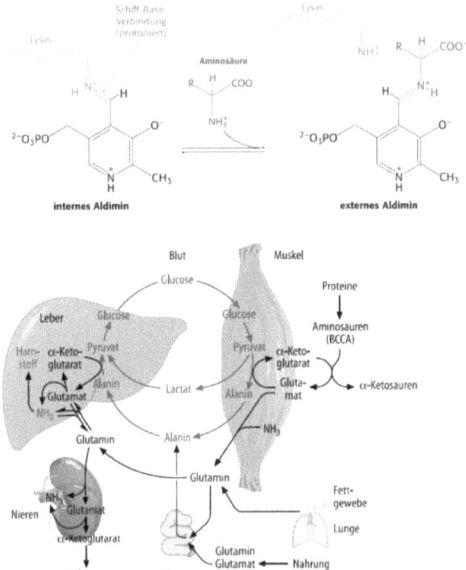

41

Durch die Kompartimentalisierung ist der Harnstoffzyklus an den Aspartat- und Citratzklus gebunden.

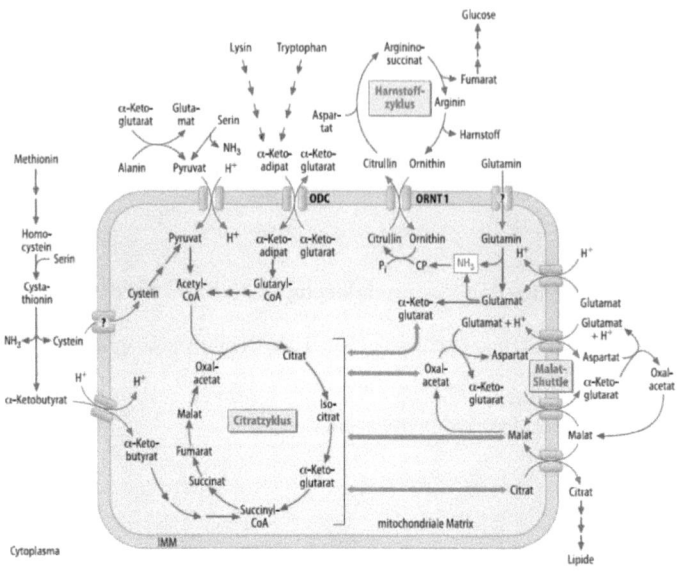

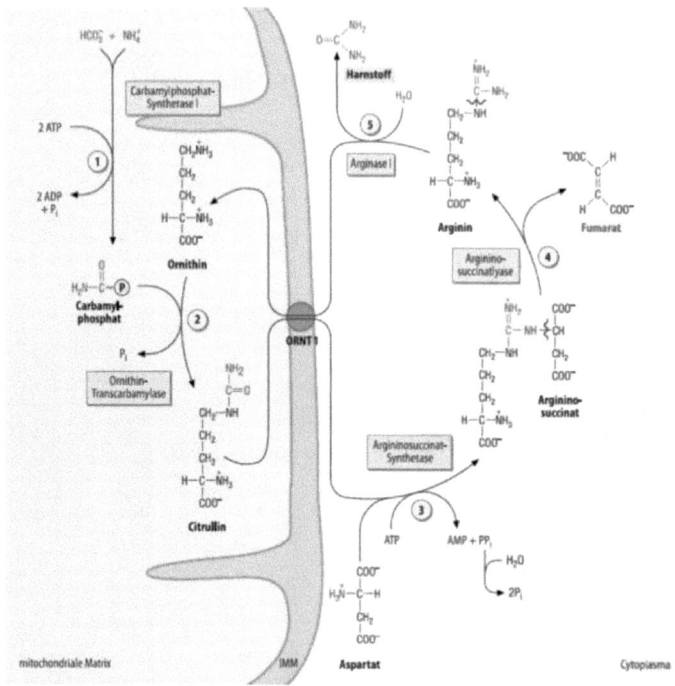

Hormone sind chemische Botenstoffe (Signalstoffe, (first) messenger),
• die in spezialisierten Zellen des Körpers gebildet werden,
• meist über den Blutkreislauf (endokrin) im Organismus verteilt werden und
• in Zielzellen eine spezifische biologische Wirkung hervorrufen.

Typ	Beispiel	Syntheseweg	Rezeptor
Peptide	Insulin, Glucagon	Proteolytische Prozessierung des Prohormons	Plasmamembranrezeptor, second messenger
Katecholamine	Dopamin, Adrenalin, Noradrenalin	biogene Amine, Tyrosinderivate	
Eicosanoide	Prostaglandine, Thromboxane, Leukotriene	Derivate der Arachidonsäure	
Steroide	Glucocorticoide/Corisol, Östrogene/Estradiol	Cholesterolderivate	Kernhormonrezeptoren, transkriptionale Regulation
Vitamin D	Vitamin D$_3$	Cholesterolderivate	
Retinoide	Retinsäure	Vitamin A Derivat	
Schilddrüsenhormone	Triiodothyronin	Tyrosinderivate	
Stickoxide	Stickoxid	aus Arginin und Sauerstoff	Cytosolischer Rezeptor (Guanylylcyclase) und second messenger (cGMP)

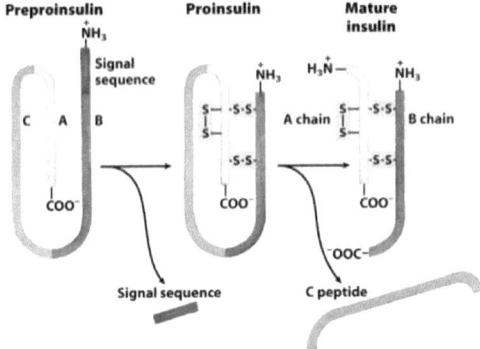

Funktionen des Hypothalamus:
• Aufrechterhalten der Homöostase (Temperatur, Blutdruck, Osmolarität)
• Regulation der Nahrungs- und Wasseraufnahme
• Circadiane Rhythmik und Schlaf
• Steuerung des Sexual- und Fortpflanzungsverhaltens (Sexualzentrum)

Signalweiterleitung:
1. Signal/ Ligand bindet an seinen Rezeptor (→ Zielzelle)
2. Aktivierter Rezeptor interagiert mit zellulärer Maschinerie
- Generierung eines intrazellulären Signalmoleküls
- oder Aktivitätsänderung eines zellulären Proteins
3. Änderung zellulärer Aktivitäten der Zielzelle
4. Beendigung des Signals:
- Zelle kehrt in den ursprünglichen Zustand zurück
- oder Zelle hat sich irreversibel verändert (z.b. Apoptose, Differenzierung)

Membranrezeptoren:

Ligandengesteuerter Ionenkanal (LGIC)
Bei ligandengesteuerten Ionenkanälen führt die Bindung eines Botenstoffs (Ligand) zu einer Öffnung des Kanals. Das Kanalprotein muss also über eine für diesen Botenstoff spezifische Bindungsstelle verfügen, also als Rezeptor fungieren (ionotroper Rezeptor). Die Bindung des Botenstoffs löst eine Konformationsänderung aus, der Rezeptor öffnet die Pore und lässt die entsprechenden Ionen hindurchfließen.

G-Protein-gekoppelter Rezeptor (GPCR)
Bindet ein Botenstoff an seinen Rezeptor, so wird durch eine Konformationsumwandlung die Bindungsstelle für G-Proteine freigelegt. Es kommt zur Assoziation von Ligand-Rezeptorkomplex und G-Protein, und dieses wird zum GTP/GDP-Austausch aktiviert. Der Ersatz von GDP durch GTP führt zur Dissoziation der α-GTP-Untereinheit vom Rest des G-Proteins, sie diffundiert lateral entlang der Membran, wo sie auf ein membrangebundenes Enzym stößt, das durch die aktivierte α-Untereinheit angeschaltet wird.
Rezeptor mit intrazellulärer Enzymaktivität amplifiziert Signale ligandinduziert

Insulinsekretion
Ein steigender Blutzuckerspiegel ist der wichtigste Sekretionsreiz für Insulin. Die Glucosemoleküle werden von der beta-Zelle aufgenommen und setzen dort einen komplexen biochemischen Prozess in Gang. Er führt dazu, dass die Membranen der Insulinvesikel mit der Zellmembran verschmelzen (Exozytose). Durch die Entleerung des Vesikelinhaltes in den Extrazellulärraum kommt es zur Ausschüttung des Insulins aus der beta-Zelle.

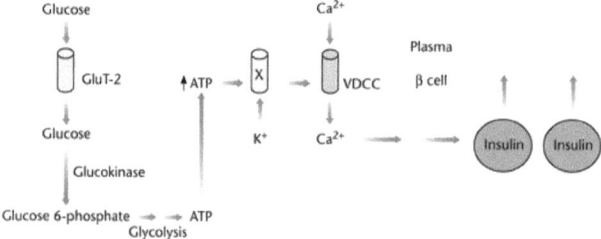

Sulfonylharnstoffe blockieren Kaliumkanäle in der beta-Zelle. Sie ahmen damit den Effekt einer erhöhten ATP-Konzentration in der Zelle nach.

Durch die Blockade der Kaliumkanäle kommt es zu einer Depolarisation der Zellmembran und einer Aktivierung spannungsgesteuerter Calciumkanäle. Letztlich resultiert durch die erhöhte cytosolische Calciumkonzentration eine Insulinausschüttung.

Metabolischer Vorgang	Protein	Gewebe
↓ Glukogenabbau	↓ Glukogen-Phosphorylase	Leber, Muskel
↑ Glucoseaufnahme	↑ Glukokinase	Leber
↑ Glucoseaufnahme	↑ GLUT 4	Muskel, Fettgewebe
↑ Glycogensynthese	↑ Glycogensynthase	Leber, Muskel
↑ Glycolyse, Acetyl CoA Produktion	↑ PFK-1 durch ↑ PFK-2, ↑ PDH-Komplex	Leber, Muskel
↑ Fettsäuresynthese	↑ Acetyl CoA Carboxylase	Leber
↑ Triacylglycerolsynthese	↑ Lipoproteinlipase	Fettgewebe

Kleine GTPasen

Die Mitglieder der Proteinfamilie der kleinen GTPasen sind kleine Proteine, die durch die alternierende Bindung der Nukleotide GDP oder GTP als molekulare „Schalter" in Signaltransduktionsketten fungieren.

Kleine GTPasen übernehmen in der Zelle vielfältige Aufgaben: Sie sind am Wachstum und der Differenzierung von Zellen beteiligt, regulieren den Aufbau des Cytoskeletts und damit Zellgestalt und Zellmigration und regulieren die Exozytose und Endozytose, sowie den intrazellulären Vesikeltransport.

Die Aktivierung der GTPasen wird deshalb durch sogenannte „guanine nucleotide exchange factors" (GEF) katalysiert.

G_q	Aktivierung der Phospholipase Cβ (kalziumabhängige Erregungsverarbeitung)
G_s	Beta-Adrenozeptoren (Aktivierung der Adenylatzyklase)
G_i	α2-Adrenozeptoren (Hemmung der Adenylatzyklase)

Phosphodiesterasen

Phosphodiesterasen (PDE), sind eine Gruppe von Enzymen, welche die second Messenger cAMP und cGMP zu AMP und GMP abbauen.
Coffein und Theophyllin hemmen PDE.

Leptin

Die Synthese von Leptin erfolgt vor allem in Adipozyten. Leptin, welches von Adipozyten (Fettzellen) sezerniert wird, hat eine appetithemmende Wirkung. Leptin spielt eine wichtige Rolle bei der Regulierung des Fetthaushalts von Organismen. Rezeptoren für Leptin konnten in zwei unterschiedlichen Populationen von Neuronen im Kern des Hypothalamus identifiziert werden. Die erste Gruppe dieser Neuronen produziert die appetitstimulierenden Neuropeptide NPY (neuropeptide Y) und AgRP (agouti-related protein) welche durch das Leptin unterdrückt werden. Die zweite Population produziert POMC (proopiomelanocortin) und CART (cocaine- and amphetamine-related transcript) Transmitterstoffe, die appetitzügelnd wirken. Diese werden durch Leptin aktiviert.

Thermogenese

Die Thermogenese im braunen Fettgewebe wird über das Hormon Noradrenalin aktiviert, welches über einen G-Protein-gekoppelten β-Rezeptor die Adenylatcyclase aktiviert. Das gebildete cAMP aktiviert wiederum die Proteinkinase A, welche über Phosphorylierung von Lipasen den Fettabbau einleitet.

Regulation durch
Enzymverfügbarkeit, Substratverfügbarkeit, Energieladung, allosterische Liganden, räumliche Trennung/Kompartimentierung, Signalprozesse

Regulationsmechanismen der Enzymaktivität
• Transkriptionelle oder translationelle Kontrolle
• Interkonvertierung (Kovalente Modifikation)
• Allosterische Regulation (homotrop durch Substrat, heterotrop durch Ligand)
• Endprodukthemmung

Insulinausschüttung

	Glykolyse	Glykogen-abbau	Glykogen-synthese	Proteinabbau	Protein-synthese
Leber	+	-	+	-	+
Muskel	+ Glucose-aufnahme	-	+	-	+ Aminosäure-aufnahme

Metabolischer Vorgang	Protein	Gewebe
↓ Glukogenabbau	↓ Glukogen-Phosphorylase	Leber, Muskel
↑ Glucoseaufnahme	↑ Glukokinase	Leber
↑ Glucoseaufnahme	↑ GLUT 4	Muskel, Fettgewebe
↑ Glycogensynthese	↑ Glycogensynthase	Leber, Muskel
↑ Glykolyse, Acetyl CoA Produktion	↑ PFK-1 durch ↑ PFK-2, ↑ PDH-Komplex	Leber, Muskel
↑ Fettsäuresynthese	↑ Acetyl CoA Carboxylase	Leber
↑ Triacylglycerolsynthese	↑ Lipoproteinlipase	Fettgewebe

Glucagonausschüttung

	Glykolyse	Glykogen-abbau	Glykogen-synthese	Proteinabbau	Protein-synthese
Leber	- Gluco-neogenese	+	-	+	+
Muskel	- Glucose-aufnahme	-	-	+	- Aminosäure-aufnahme

Metabolischer Vorgang	Protein	Gewebe
↑ Glukogenabbau	↑ Glukogen-Phosphorylase	Leber
↑ Gluconeogenese	↑ FBPase 2, ↑ PEP Carboxy-kinase, ↓ Pyruvat Kinase	Leber
↓ Glycogensynthese	↓ Glycogensynthase	Leber
↓ Glykolyse	↓ PFK-1	Leber
↑ Fettsäuremobilisierung	↑ Hormonsensitive Lipase, ↑ PKA	Fettgewebe
↑ Ketogenese	↓ Acetyl CoA Carboxylase	

Fasten

Nach einem Tag
• Leber: Verstärkung von Gluconeo- genese und Fettsäureabbau
• Fettgewebe: VerstärkungderLipolyse
• Muskel: Umstellung zur Nutzung von Fettsäuren

Nach drei Tagen
• Leber: Steigerung der Bildung von Ketonkörpern
• Gehirn: Umstellung zu gesteigerter Nutzung von Ketonkörpern

Glycogen	durch Glycogenabbau	↓
Harnstoff	durch Aminosäureabbau	↑
Citrat	läuft leer	↓
Acetyl CoA	aus Fettsäuren und Aminosäureabbau	↑
Ketokörper	aus Acetyl CoA	↑

Diabetes mellitus Symptome:
• Polyurie (erhöhter Harndrang)
• Polydypsie (exzessiver Durst)
• Glucosurie (Ausscheidung eines Urins mit hoher Glucosekonzentration)

Typ 1-Diabetes: Insulin-abhängiger Diabetes
Typ 2-Diabetes: Insulin-resistenter Diabetes → Zellen reagieren nicht mehr auf Insulin

Glucoseaufnahme	Hemmung (verminderter GLUT4- Einbau in die Plasmamembran (Insulin-abhängig)
Gluconeogenese	Steigerung
Glykolyse	gehemmt durch Absenken der Fructose- 2.6-P2-Konzentration (Leber)
→ Hyperglykämie, Glucose im Urin, Wasserverlust	
Lipolyse, Fettsäureabbau	exzessiv gesteigert, hohe Acetyl-CoA- Konzentration
Citratzyklus	Hemmung durch fehlendes Oxalacetat (Gluconeogenese!)
Ketogenese	Steigerung durch Überangebot an Acetyl- CoA
Extrahepatische Gewebe nehmen Ketonkörper nicht vollständig ab → Akkumulation von Ketonkörpern im Blut → Ketoazidose, Koma	

Ghrelin in der Magenschleimhaut synthetisiertes Peptidhormon, Appetitanreger (→ Hypothalamus)

Hypovitaminosen

Vitamin A	Nachtblindheit
Vitamin B1 (Thiamin)	Beriberi
Vitamin C	Skorbut
Vitamin D	Rachitis, Osteomalacie
Vitamin K	Gerinnungsstörungen

Creatinkinase
CK überträgt N-Phosphoryl-Gruppe von Phosphokreatin auf ADP (→ ATP)
exprimiert in Muskeln, Gehirn und Herz
Isoenzyme: CK-MM (Skelettmuskeln), CK-MB (Myokard), CK-BB (Gehirn), CK-MiMi (Mitochondrien) → Bestimmung der CK-Werte bei Herzinfarkt u.Ä. möglich